不必从无到有

　开天辟地

人生最宝贵的

　是每个明天的你

都经历了一次

　微小的迭代升级

　　　　　岳松

在微光成为
Gleam
炬火前
Torch

岳 松 著

北方联合出版传媒(集团)股份有限公司
春风文艺出版社
·沈阳·

图书在版编目（CIP）数据

在微光成为炬火前 / 岳松著. —沈阳：春风文艺出版社，2023.2
（新青年）
ISBN 978-7-5313-6360-6

Ⅰ.①在⋯ Ⅱ.①岳⋯ Ⅲ.①成功心理—青少年读物 Ⅳ.①B848.4-49

中国版本图书馆CIP数据核字（2022）第222595号

北方联合出版传媒（集团）股份有限公司
春风文艺出版社出版发行
沈阳市和平区十一纬路25号　邮编：110003
辽宁新华印务有限公司印刷

责任编辑：韩　喆	责任校对：张华伟
封面设计：黄　宇	幅面尺寸：145mm × 210mm
字　　数：195千字	印　　张：8.5
版　　次：2023年2月第1版	印　　次：2023年2月第1次
书　　号：ISBN 978-7-5313-6360-6	定　　价：45.00元

版权专有　侵权必究　举报电话：024-23284391
如有质量问题，请拨打电话：024-23284384

我是那美克星的王子,编号94157

据说聪明的人不会感觉自己聪明,只是觉得其他人反应有些慢。帅的人也不会觉得自己有多帅,只是觉得其他人五官排序有点乱。

我打小就觉得自己不是普通人。

我妈也对我说,生我那天不平常——村头的狗狂吠不止,村里扭秧歌的领头大娘竟然迈错了步。

我长得比一般人白很多,眼睛很大,笑起来很甜,小时候村里的大姐姐老奶奶都喜欢抱我,说我可爱。我的脑子也好使,那些鲁班球、九连环、孔明锁对我来说都是小儿科,下憋死牛、玩斗兽棋我从来没输过,从城里回来的牛蛋买回来一个魔方,说是想要灭灭我的威风,我半小时就给解开了。

七岁时,父母怕在村里耽误了我,花大力气把我转到了市里的小学学习。三年级之前,由于试卷太简单,我的无敌状态并不明显,怎么说呢,反正没考过100分往下。

四年级之后，有些同学迅速被难度加大的试卷淘汰掉了。慢慢地，能考满分的从十几个人，到七八个人，再到三四个人，最后，只剩下我自己。

你以为我只是书呆子吗？游戏机我也会玩，漫画也是真心热爱。

有一阵，同学间流行一本叫《七龙珠》的漫画，当大家都痴迷于里面的赛亚人变身时，我却对那美克星充满了无限的向往。

有时我觉得，自己或许就是个异星的王子，阴差阳错流落到了地球，冒充普通人，做着普通事。我原本应该有更大作为的。

初中，我进入了省里也能排得上名次的重点中学，突然发现想继续保持第一比较费力了，稍不留意，甚至会跌出班级前五，而在第一军团和我较量的几个人，似乎并没有我努力。

这让我万分紧张，难道我……没有自己想象的……那么优秀？不！我明明是天才，现在是，将来也是！

人生开始以满血燃烧状态全速输出战斗力，我努力维持住第一集团军领跑小分队一员的身份，进入了高中。所在学校通过自主招生录取了一批本省还有周边省份的尖子生，他们让我对出类拔萃有了全新的认识。

张军的数学从来都是满分，并且都是六十分钟内交卷，他还是围棋高手，拿过全国青少年组的冠军，目前是业余六段，和我下五子棋，他基本说几步赢就能几步赢。梁磊是个绘画怪才，手绘的故事书被几帮人争抢，引起了级部主任的注意，但他作为事主被校长约谈后却"无罪"释放。因为校长的朋友——中央美院的教授鉴定画作后认为该生极有天赋，甚至想撺掇他改学艺术。

最让我理解不了的是罗小红，成绩好也就算了，不但人美，还是"社牛"。连我这种一心只读圣贤书，从不关心八卦事的书呆子，都知道她的朋友不计其数，有好多还是各班的第一名。这让我非常怀疑她的动机，是为了偷师学习方法，还是想让他们分神成绩下滑？但和她比较熟悉的同学却纷纷表示，罗小红是个好同学，从不影响任何人学习，还把自己知道的倾囊相授，她只是太想和优秀的人交流，被大家误会成了"社牛"而已。这种说辞我显然无法接受，想和优秀的人交流，为什么不来找我？

难道我……真的……没……那么……优秀？灵魂再一次被闪电击中，我觉得自己受到了命运的嘲弄。后来，我学得更刻苦，但成绩却更差了，别说前五，连保持级部前五十都困难。

自尊心让我不愿意放弃异星王子的身份，但我还是做了折中，每发现一个比我强的，我就把自己的王子编号往后加一个数。

小学时我是唯一的王子，高二过完，我是王子165……上了大二，我是王子283，大四毕业，我是王子1439，读到了研究生，到了王子9872，四位数快数不开，要升五位数了。

工作后我又发现，只加后面的数还不够科学，有些人，段位根本不在王子这一档上，我是王子，人家是国王。

再后来，我没精力再算了，我接受了自己是个普通人的系统设定。

现在的我，偶尔读诗，诗这样写——

你也曾松花酿酒，春水煎茶；
却终究柴米油盐，酸甜苦辣。

有时听歌，歌这样唱——

我曾经跨过山和大海，也穿过人山人海；
我曾经拥有着的一切，转眼都飘散如烟；
我曾经失落失望失掉所有方向；
直到看见平凡才是唯一的答案。

从奋力挣扎不愿降低自我评价，到看到差距接受排名完成灵魂的自救……难道，这就是大家讲的"成熟"？难道，这就是我能找到的"幸福"？

我们从小受的教育，是要拿第一，是要求完美。

珠穆朗玛峰人人知道，但乔戈里峰海拔8611米，却已没有机会成为"考点"被大家记牢；金牌闪闪发光，铜牌只是枚奖章，第四名已经没有舞台领奖。人生所有的题目似乎只有两个选项，要么万人敬仰，要么只剩冷冷的冰雨拍打我窗。

但是……

平凡或许并不只是平淡，酸甜苦辣咸也不等于毫无闪光点。在微光成为炬火前，它已经是我们前行路上的良伴，就算将来它长成的"炬火"没有那么夺目和亮眼，能持续照亮自己，又何尝不是一种奇迹？

时代不但需要脊梁，更需要肌肉。

致敬每个来自异星的你，编号第几没关系，重要的是心中无冕的王子从不会放弃自己。有对自身的矫正与掌控，即便微光没能成为炬火，它也打造了一个足够优秀的"我"。

而大写的"我"，本身已是炬火。

目 录

第1章 学生内涵知多少

学历有前途，劝学讲技巧	003
毕业后，像考试这么简单的事不多了	010
读书是种更高阶的快乐	015
"佛系"大学生的"中年危机"	019
大学生活费，多少才够用？	026
贫困生、奖学金和苹果手机	033
高配电脑你真的会用吗？	040

第2章 和自己的心聊聊天

你相信出身决定论吗？	047
如何避免被"废掉"	052
不如由"丧"变"上"	059
为难事方有所得	066
分神是这个时代的标志……吗？	070
我大一的，现在开始准备考研来得及吗？	077
如果对专业已"累觉不爱"	080
与父母"掰头"的轮回	084

第3章 年龄不是格局的障碍

我们正在丧失耐受无聊与无趣的能力　089
你是在建人脉，还是在买人缘　095
同学，那不是真牛，而是虚荣　100
时间与金钱的博弈　106
双赢的课堂什么样　109
为什么教师是世界上最好的职业　112
一名老师的职业修养　116

第4章 发光前先发热

单词书我最熟abandon　123
我熬的不是夜，是自由　127
手机刷爆预警　131
怎样设立可以实现的小目标　136
进步的维度与认真的能力　140
如何风韵十足又不失优雅地码字　145
口才是检验能力的重要标准　150
素质高的人，都自带进度条　154
据说勤奋也分好多种　158
如果想把兴趣发展为职业　161

第5章 人都是社会性动物

宿舍相处不完全指南	167
听说学生会是这样的组织	170
听"社恐"症患者讲聊天技巧	174
同学之交切莫淡如水	180
如何正确地给别人添麻烦	187
略论讨好型人格	192
找工作，我要我觉得	196

第6章 中正以观天下

对"辱则多寿"者说"不"	203
践行者自带光芒	207
传统文化的学与帮	211
向"国家队"学习如何把压力变动力	214
大数据的边界谁来把控	220

彩蛋

那些曾经"秘不外宣"的人生经验小贴士	225

第1章 学生内涵知多少

在微光成为炬火前

学历有前途，劝学讲技巧

某天，照例把教学工作感慨抒发完，感觉腹中饥饿不堪，肠胃颤抖得像寒风中的枯叶，要不就喂它点啥吧，我想。

信步来到学校北门的生活大厦二楼豪华用餐区，琳琅满目，入眼都是盛宴。头一次来这么高档的地方，吃点啥好呢？我纠结得上下牙"排版"都不整齐了。

小伙子，看你印堂发黑，脚步虚浮，肯定是写论文累着了，来个鸡蛋灌饼吧，给你放三个蛋，包你回光返照发核刊[1]。

我想批评他"回光返照"用得一点都不恰当，应该用"神采奕奕"，可惜我饿得实在没有说话的力气，只好微微点点头，示意他开做就好。

老板手法娴熟，摊饼如画泼墨山水，磕蛋若剑客封喉，面饼薄如蝉翼，蛋液流动金黄，肉肠外焦里嫩，菜叶鲜嫩翠绿。我还没回过神儿，蛋饼已经卷起，一切为二，装好纸袋递到我手上。

1　核心刊物的简称。编者注。

来不及解释了……我吃得直哼哼。

小伙子，上班还是上学呀。

唔……我嘴里有东西，上……上班。

一个月挣多少哇？

这是我个人隐私，为什么要告诉你？心里这么想，但我没有说。

哦，也就几千吧。

哈哈哈哈哈，老板爽朗的狂笑声吓得一旁做酸辣粉的把微辣做成了奇辣。

看你年纪不大，却已白了毛发，找个"高端"工作，书得念二十多年吧，我还以为你月薪过万了，没想到还不如我，知道我一个月挣多少钱吗？

一万零一？

淡季两万，旺季三万。

鸡蛋饼突然变味。

前天几个大学生过来买饭，听他们说实习期才开两千块钱，你说你们上大学图个啥，瞎花钱，啥时候能回本？我十七就工作了，这个月刚换了新车。哎，你买车了吗？怎么不吃了，凉了口感就不好啦，不扯了，来生意我得忙了。

我拿着半个鸡蛋灌饼，腿脚像灌铅一样沉重。他每说一句我都想顶回去，但人家偏偏有实力，说得还有力气。

难道这么多年我坚持上学全错了？难道我也早该投身商海卖煎饼馃子讨生活？我像一休一样苦苦思索，拼命猛戳自己的头部想要开窍。还好我想明白了。

第一，上大学或许不是最经济的选择，这一点上，老板没错。如果能用相同的时间，去做生意，去赚钱，即使赚得很少，只要不赔本，较之还需要交学费的大学，算经济账很容易得出念大学没用还死贵的结论。所以，这种讨论老板们确实总显得有道理。

第二，上完大学也不一定比老板挣得多，这一点老板也没错。但请注意，你不能拿一个群体中的顶级选手和另一个群体中的底层入门者比较。鸡蛋灌饼卖到月入上万的有几个？相当于玩篮球可以打CBA的水准了。但念完大学一个月两三千的比比皆是，如果想找读完大学的顶配选手，您得到福布斯排行榜去，和资产过百亿的企业家比，才叫公平竞争。

第三，上大学没有用或许有道理，但如果推导出读书无用，实在是害人害己。上大学为什么没有用，因为没学到东西；上学不就是读书吗，读完书还挣不到钱，那不就是读书没用吗？但，为什么没学到东西？根本原因是自己不够努力，没把书转换成能力。

第四，一时挣到钱不难，有时甚至只靠运气就够了，但要想一世都挣到钱，还得靠学习。鸡蛋灌饼做好不容易，得练技术；鸡蛋灌饼卖得火更不容易，得拼地段拼人品；鸡蛋灌饼要想一直挣钱太不容易，得不断推出新产品；如果还想自己不出摊也能挣钱，那是最大的不容易，创品牌，搞加盟，做培训……哦，大脑严重受损，还是联系学校回炉重塑吧。

第五，分析这么多，都基于一个假设，"大学教育成功与否就是看挣钱多少"，这个预设本身就有问题呀！钱多可以视为一种成功，但如果能修炼出一个良好的心态，一份执着的品质，一种不屈不挠的意志，将是更大的成功。我不熬鸡汤，有这些高素质，早晚能挣钱。

道理讲起来我自己都振奋了，可是实际应用又是另一回事。

我家里孩子今年上一年级，正处在艰难的适应期。神情焦虑、表情紧张、身体僵硬、起不来床是他的日常。暑假刚开学——大家都是过来人，或者还没过来的人——这种"不知为什么，突然就是有点不想上课"的感觉你懂的。

于是我就开始劝他。

学校里可以学到很多有用的知识哦。

老师上课会讲很多有意思的故事呀。

班级里面可以交到很多新的朋友呢。

娃继续神情焦虑、表情紧张、身体僵硬、起不来床。

爸爸，我不想上学。

不上学，什么都不会做怎么办？

我自己在家学。

在家没有人教你呀。

我上网看视频。

你怎么知道看哪些视频能学本领呢？

点击率高的都有用。

谁说的？那可不一定……不行！你必须得去上学。

娃哭了，他说他的心好累。

于是我也开始神情表情都焦虑，脸色躯体都僵硬。我就不明白了，上学这么好的事，他怎么就不愿意去呢？

做课件，写教案，搭课程，又在电脑前忙了一整天。十几个小时的酸爽后，看到的不是完工的曙光，而是进度条的嘲笑。想到明天还要这么干，想到周末也要接着干，想到假期基本已完蛋，我真想"躺平"算了。

说时迟那时快，大脑突然灵光一闪——如果自己都时常不情愿，凭啥要求孩子热爱上学？

上学很有趣，大家很开心，放学不想走，明天早点来，这么"昧着良心"说话自己的胸口不会痛吗？认真听讲很累，写好作业很难，保持优秀不简单。

如果连这个基本预设都不承认，一味强调学习的意义、价值和功利，最后只能陷于无法自圆其说的妄诞和胡言乱语。自己搂着手机玩游戏，却天天对孩子说好好读书能治感冒。这个批次的爹，质量可能不大行。

导人向学，导人爱学，导人要学，还是没有击中核心痛点。

我一直对某些直销套路的强大感到惊讶，短短几周的时间就彻底把一个人的灵魂击穿，理念像水银泻地一样注入被洗脑者的意识，完成这一步后，后续都是自动行为了，简直比《盗梦空间》还擅长造梦，比《变形金刚》还会玩变形。有时我甚至忍不住也想旁听一下试试，和他们脱口论道、登坛斗法，看看是我的教案厉害，还是他们的话术威风。

看完别人，反观自身，不禁也开始琢磨，让学生爱上学习的关键到底在哪儿？怎样才能和更加底层的需求产生联系？谈钱并没有命中要害，谈自由也是在隔靴搔痒。命门就一个字，我只说一次——玩，才是学习诉求的本质。必须让学生意识到这一点，他们才会拿出最努力的姿势。

不学习，就不能玩。

绝大多数娱乐项目的使用是有成本的，经济成本之外，更附带能力成本。新出品的游戏大作，想玩，你起码得懂下载安装吧，如若没有中文版，还得懂点英文日语吧；自驾旅游，你得会开车挂挡，上网查攻略吧；就算是花钱"败家"，不会微信支付宝到时候也是两眼一抹黑。

不学习，就不会玩。

滑雪蹦极跳伞漂流，扑克麻将下棋桌游，你说你规则都不愿意学，套路都不愿意讲，如此这般，娱乐聚会只能端茶倒水。

不学习，就玩不好。

我不敢妄议那些在直播间里疯狂打赏的土豪，也不敢吐槽在游戏里一刀就升九十九级拼命充值的玩家。但在他们抛撒金钱获得快感的背后，是否也潜藏了另一种可能——我有钱，但真的不知道怎么花。世界这么大，我想去看看，机遇这么多，我想去见见，挑战处处有，我想去练练。

不学习，就没空玩。

这年头，只要肯出力，都能有钱花，我一向承认这一点。派快递，送外卖，做代驾，美容美发和推拿，只要是付出精力，合法取得报酬，任何一种工作都值得尊重。

我不去聊那些道理，送外卖也可以月入一万，但付出的成本，是你吃喝拉撒之外的所有时间，或许在吃喝拉撒期间，你也在接户派单。钱会越攒越多，自由的时间却越来越少。

作为一名老师，我想真诚地对各位说：

不断学习，才能玩出层次；终身学习，才能玩出水平；唯有学习，才能完成自我实现，让个人的成就为时代发展"供电"。

毕业后，像考试这么简单的事不多了

上学的时候，有个同学是工作过又回来读书的，每当我们抱怨学习累、考试苦，复习痛苦生不如死的时候，他总是不以为然。

他说，真搞不懂你们这些人，在我看来，没有比考试再简单的事情了。

当时我不懂，心想，你说简单也没见你回回考第一呀。

现在，我懂了。他说的不是题目本身，而是付出和回报的可控程度。

在校园里，除去极个别智力超群、貌似不努力也能取得不俗成绩的同学，大部分的学霸都是比较勤奋的，即个人努力和所得回报基本正相关。一分耕耘一分收获，一条笔记一则知识点，即使没理解，也绝对不走空。但进入社会后，事情开始不一样了。

努力不一定有回报，有时甚至你能预见到，即使是再多的努力，也可能没有回报。更有甚者，是"深山冬雪后，寂寂杳无声"，忙活了半天，犹如石沉大海，连个响动都没有。

为啥大家都爱玩游戏，因为它有进度条。哪怕我玩了五分钟就退出,也知道自己距离升级又近了几毫米。

离开校园,一切参照物都消失了,我们在伸手不见Wi-Fi信号的黑夜中踽踽独行,QQ上一个好友都不在线,倒是总有陌生人在大声喊,"亲,可以帮我充话费吗?"

我的个天哪,这个世界一点套路都不讲。

我曾给学校的毕业生写过几句话:

有时候,不是你不够高雅,而是你不够朴实;不是你不够文艺,而是你不够大众;不是你不够谨言慎行,而是你不够单刀直入;不是你不够洁身自好,而是你不够感同身受;社会需要你放下身段,满头大汗在路旁吃麻辣烫;而你却想寂寞沙洲冷,收一封红色请柬新郎不是你;怎么都是过,系统从不自动报错。

大学四年,我们已经习惯了一种节奏。再苦,再累,熬过几个月就是假期;再难,再不爽,过去这一阵就不会有人再抓狂。但从大学应试模式毕业,进入社会专业难度,我们再也不能愉快地刷副本,再也不能一个个地练职业了。我们面对的,不再是肯定会通关的单独任务;修炼的,也不再是可以随时删掉重来的角色存档。

社会这个大游戏……太复杂。

怎样在一年挣到一百万?

如何创业引资成为人生赢家?

股票涨得太快,吃泡面可以加火腿了吗?

…………

这些问题让人头皮发麻,我也不知怎么回答,如果你有好办法,一定别忘分享给我。

我觉得,既然太复杂,就别只用一种模式对待它,既然浇水施肥不一定看到结果开花,那就先当经验积累下。

付出,不一定有外在的回报,但内在的,一定会有,只要你真心想打磨自己。

做事,别总用自己熟悉的套路,别怕改变,别怕新主意,像当年做题一样,去找它自有的规律。有些同学从不逃课,但也不怎么听讲。如果不逃课是因为自有原则不能打破,而非害怕老师点名挂科,如果不听讲是因为应对问题有自己的策略,而非忙着联机游戏没时间听老师讲题,这样的学生毕业,可以安全放生"野外",老师不用担心他们无力经营自己的生活。

让我们再回到学习的本源聊一聊。

我亲历过听众最少的课,学生仅有两人。若是再减一人,课真的不好上了,教室桌椅多张,师生四目相望,这是上课,还是拜堂?

我始终相信,不管什么样的老师,都希望自己的课堂座无虚席。认真严谨的,是责任心使然;纵有吊儿郎当的,也有虚荣心作祟。

老师唱念做打,舞动斧钺钩叉,努力取信学生,乃至取悦学生，但结果还是鲜有同学来上课。

这其中固有一些课堂质量不高，内容新意不足，授课敷衍了事等原因，但作为学生，似乎也有需要反思的地方。

父母长辈教育我们，好好学习，才能上好大学，上好大学，才能找好工作，找好工作，才能挣大钱，挣大钱，才能过好日子。分析一下其内在逻辑，我们上大学、来读书，是以一个具体的目标为导向，是被具体结果——好工作、高收入所驱动的。现实大环境中，这没什么不对，但以此来驱动学习，却既不高效，也不持久。

整个过程中，有人一直会权衡，这本书到底有没有用，这门课到底是否能帮我挣钱。有人的目标始终是拿毕业证、学位证，一旦确定某门课老师不点名，可以稳拿学分了，出勤热情将会迅速消退。如果这样说得还不够具体，试问一下，倘若大学期间买彩票中了大奖，有多少人还能坚持完成学业？

我们发现，一些专家学者做事情非常专注执着，既不挣钱也不讨好的工作，一干就是一辈子，让很多人唏嘘感叹，不明白他们图什么。

其实读书从来不是个苦差事，读书和看电影、听音乐一样，是休闲娱乐。是我们在人生不同阶段遇到的个别不负责任的人，把读书预置到了一个洪水猛兽的位置，用"只有……才……""吃得苦中苦，方为人上人""书山有路勤为径，学海无涯苦作舟"等"伪命题"，让我们潜意识里认可了读书就是劳心费力，猛读书、苦读书是为了将来不读书。看到考上名牌大学就焚烧教科书泄愤的现象，你我是该高兴，还是叹气？

学习、上课、读书，这类事情是该由兴趣驱动的，而非目的。学习应该是个释疑的过程，悬疑没能尘埃落定，就像到了青春期一样，你总是会不自觉地想到爱情话题。

若有一天，你只觉每日浑身燥热，两眼放光，不翻破几卷纸、猛读数篇字便觉精力无从释放，压力无法消解，恭喜你找到了感觉，这才是上学应有的状态，这才是读书应有的本源。

而此时，你再回头看看考试，会发现它们就像游戏中遇到的 Boss[1]——有难度，但是也有"套路"。而和它们拆解完招数，你收获的不单有成就感，还会有进步。

---

1 指游戏中最大的怪物，通常很强大。

读书是种更高阶的快乐

刚上班那会儿,我一个月到手也就千把块钱,还完贷款剩下的票子,如果换成一百块一张的,用来做衣服遮羞——只能将将把脸挡住。生活如此拮据,花钱必须小心。

那会儿的午饭,我一般是买个一块五的鸡蛋灌饼,另配一杯八十二摄氏度的白开水。偶有奢侈的时候下馆子,敢点的小炒,基本是三元一份的酸辣土豆丝,另配两个馒头,或者一碗米饭。

总体来说我更喜欢馒头的方案,因为两个馒头三毛钱,一碗米饭五毛钱,吃馒头比吃米饭省两毛。不要小看这两毛钱,连续五天,就是一卷卫生纸,连续五十天,就是一件T恤衫,连续五百天,可以买一束玫瑰花,送给暗恋对象,说不定就脱单了。

虽然经常这样暗示自己,可土豆丝还是不怎么好吃,馒头噎起人来,让我常有点份扬州炒饭的冲动,必须多放火腿,多放蛋,剩下的蛋壳不要扔,开水冲一碗汤来配餐。

即便如此,我当时的日子仍是阳光灿烂,不曾留下任何遗憾,因为我有秘密武器用来用膳佐餐、日常驱烦。

以我之见，快乐可以在三个时刻出现。

一是事前，二是事中，三是事后。

凡人间种种，能在以上任何一个阶段收获愉悦，即算乐事。能同时出现在两个阶段的，当是人见人爱的大乐之事。三阶段皆占的，则为人生至乐，需强烈推荐，私藏有损天良，必须昭告天下。

我们常觉得得到某样东西时，焦灼才能缓解，快乐才回到巢穴，愉悦是在拥有之后的。

但心理学家已通过实验证明，人这种生物，往往是喜新厌旧的。这并非是性格上的缺陷，或后天在情绪上缺乏训练，而是人的知觉自有一套适应系统。生物学家们也已言明，物竞天择，适者生存。如果无法快速适应周遭的变化，是要被大自然淘汰的。

由此，长颈鹿抻长脖子吃饭，顺带患上了高血压，而我们人类，学会针对外界刺激快速调整情绪的同时，也付出了快乐并不持久的代价。

我们拼命攒钱，只为能买一件自己喜欢的衣服，待穿到身上一段时间后，却感觉也很一般。我们努力学习，只为考试成功、能够继续深造，进入理想的院校。幻想过会有的无比满足的成就感好像并没出现。我们不断挑战，登上一座又一座山峰，每提升一个层次，却又来不及欣赏周遭的风景，因为又望见了更高的山峰。

进取而得的快乐往往不在成就取得之后，而在追逐的过程，这是种事前型的愉悦。

年轻的我们总在渴望，男同学眼神焦灼，女同学经常惆怅。一个人的日子，是寂寞，是孤独，是无聊，是彷徨。但单人版的黯然神伤还是好的，更难熬的，是你爱她，她却不爱你。

想要让快乐在人与人的层面上发生，或许只剩下了"两情相悦"一个选择。

爱情是种得到了才能感觉到的事中型快乐。

可惜的是，牵手成功的情侣，多少都能享受一段蜜里调油，横着看横着顺眼、竖着看更加美艳的蜜月期，无奈"感觉适应"的大刀一旦舞起来，情浓时就算天雷地火，冷下来也用不了一时三刻。

如爱情这般多方合力才可获取的事中型快乐不但难得，而且不可持续。

世界之大，难不成就没有既易得又长久，事前、事中、事后都幸福感满满的人生良伴？

有天大的窟窿，便存地大的补丁。当年帮我稳住自己，今天死乞白赖也要推荐给你的，是读书。

读书之乐，一在事前。无论是在实体书店翻拣，还是在网端搜寻，都有一种天下在手、万物皆备于我的操控感。

读书之乐，二在事中。一本好书，不管是胜在情节、人物、架构，还是语言风格、学识干货，它能抓得住你，你也想驾驭好它。暗藏的玄机被识破后的自得，巧设的双关被理解后心有戚戚，因个人境遇生发出的唏嘘，各路情绪杂糅在一起，胜过一桌满汉全席，不但下饭，而且可以加速吞咽。

读书之乐,三在事后。

饱读好书后,感受与刷了几个小时手机、看了无数的段子完全不同,后者像是被大水漫灌过,被无情冲刷后脑中一片狼藉,前者则像导演掌控全局,虽然也有疲惫,但伴随着想象将书中的人物场景一一重构,反是一种别样的享受。

身处信息与娱乐时代,快乐并不难得。但诸多享受,却是通过挥霍精力来实现的。刷得越来越勤,手法越来越狠,愉悦感却没丝毫增加,反有衰减的趋势。

唯有阅读是汲取式的,通过沉浸和体验,获得的是升华和沉淀。因此我号召:为了更美好和更深刻的欢乐,请各位把各种屏幕——换成那种纸质的。

"佛系"大学生的"中年危机"

某天下课后,一个同学来找我,老师好,可以问几个问题吗?我心想太好了,天天传道授业,终于有机会解惑了,你请问,但我不一定会哈。

请问,什么是快乐星球?你说啥?

不好意思,拿错教材了。

没关系,有空我们也可以一起研究。

老师你有娃吗?有。

给他报辅导班了吗?报了。

你平时会"鸡娃"吗?可能也有点吧。

你觉得"内卷"这个词怎么理解?

这个可能比较复杂,很多专家的解读侧重点不同,定义也是有好多种。

平时工作压力大吗?头发白这么快主要的原因是什么呢?

哎,我说同学你好像不是来聊天,而是来给我体检的,想看我的抗压能力怎么样,主要检查心脏的状况。

他说，老师，我真没刺激您的意思，就是想做个铺垫，让您看到我的生活方式时，能够做出更加客观理智的判断。

在中年男人们开始发油变腻，手持一千毫升以上的保温杯，什么都敢往里加的时候，年轻人却不以手串喜，不以枸杞悲，悄悄开始以"佛系"的态度，应对各种人情世故。

看着上述"佛系"年轻人的种种表演，我不知吐槽的按钮到底该不该点。这到底是一种仓央嘉措般想爱不能爱的强行释然，还是现实压力下能争不愿争的花式玩"丧"？

奉上由本人亲自编纂的岳氏大学生"佛系"自评量表，各位还是先看看自己是否中招，再开始反思自嘲吧：

对于上课：起得来床就去，起不来也不勉强自己，至于老师、学生会点名什么的，抓到我不悲，漏网了也不喜。

对于课堂：听得懂就记记笔记，听不懂就玩玩游戏，老师讲得太快，内容太难，不好理解，但自己从不着急，你讲或者不讲，我的心都不一定在课上。

对于考试：遇到会做的题，是一种美丽的邂逅；见到不会做的，也有它自己的道理。至于成绩，考过是缘，挂了认命，优秀是实力，不及格练定力。

对于工作：交代给我的，我不推辞，没安排我做的，绝不争执，完成质量肯定达标，但一般不会有意外惊喜。

对于爱情：我的事情我自己做就好，没必要向你撒娇；你的事情，也不用让我知道，正好少些三角四角的烦恼。懒得吵架，懒得肉麻，懒得一哭二闹三上吊，能携手就携手，不携手自己大踏步转身就走。

对于社交：能摇到是缘分，错过了是命运，朋友圈我或许转，也或许不转，可能随手点赞，但不会刻意表示看见。一周见面吃一餐不代表关系好，一年开黑[1]来一局的朋友也不会忘掉，谁在线我就和谁社交。

对于游戏：不会去氪金[2]，不以第一喜，不以掉排名悲，游戏而已，装备更是如梦如电全是虚幻，说到底全是零和一，何必摧残自己？被坑了绝不骂人，被骂了也能泰然自若，你们玩的是执着，我来感受的是平和。

对于购物：三包政策就是，自己包学习使用，自己包修理养护，自己包安慰客服。开网店不容易，点好评又太费力，就让系统自动提交、自动付款、自动评价、自动给卖家点赞吧，至于自己，钱的单位就是元，花钱，就是结缘。

对于生活：减肥期间，遇到中意的小吃店，不会一狠心绕过去；制订好的健身计划，下雨了，那就不去，太累了，那就再议；日常打扮，没眼影没粉底没腮红都没关系，有支口红就说得过去，如果只是在校园，那就直接上

---

1 游戏用语，指游戏时，可语言或面对面交流。编者注。
2 原为"课金"，指支付费用，特指在网络游戏中的充值行为。

素颜。

以上事项按五档进行计分,非常符合(5分)、符合(4分)、一般(3分)、不符合(2分)、完全不符合(1分)。

总分10—20,"佛系"暂时与你无缘;21—30,你的"经"念得相当熟练;31—40,悄悄问圣僧,女儿美不美;41—50,您就是"佛系"本系,欢迎莅临我校体验大学生活。

作为一名奔四的过来人,我实在是想吼两句。二十岁出头玩什么禅宗啊,用"佛系"掩饰中年危机明明是我们的专利好不好?

什么是中年危机?中年危机的本质,是退无可退,再也没法找借口。年轻不怕失败,年轻可以重来,年轻时多积累经验,只为搭建更大的舞台。

同样的话,中年人是没资格讲的。

大多数情况下,四十岁的中年人,差不多定型了,走到流水线的后半程了。失败了就只有寂寞,走错了可能就再没机会另起一座楼阁。光阴不再,时不我待,即便有人愿意再给机会,我们也无法再给机会精力了。退无可退,成功不了又要委屈自己求全责备。所以,"佛系"的自我安慰,应该是我们的专利才对。

"00后"觉得很冤枉,大学生感觉未来真心没希望,老师你看看"专家"们天天都说我们些啥!我们也不想太"佛系",但不"佛系"真心活不下去。

《人民日报》曾有评论，"无可无不可的'佛系'一夜风行，其实是击中了现代社会的一个痛点：累。生活节奏快、事业追求高、精神压力大成为常态"。

人不是机器，"反竞争、反内卷、反'鸡娃'"是一种很正常的心态，我自己也常有"颓废、佛系、丧"等情绪。

应该怎么评价？

我真心觉得不能把这种情绪一棍子打死，因为这里面并不只是重压下的逃避，而且也包括无可奈何、多次努力后的急流勇退。"不想努力了"其实是一种以"丧"为行为表现，来抵抗激烈的社会竞争、高昂的生存成本以及阶层跃迁失败的心理补偿机制，更是一种看似"不在乎"，其实蕴含着悲伤、愤怒、失望，以及对环境正义价值批判的自我抽离。

但年轻人貌似不在乎输赢，真心不是要否定奋斗。

"佛系"可成为一种人生感悟，但不可凝结为一种人生态度。调侃可以，但你要真相信大家都这么消极，可就上了他们的大当了。

社会竞争这么激烈，最好能多点人自动放弃，离开竞争队列。那些吹捧"佛系"买家的，自己都在开网店，买家不在意，卖家好开心。那些调侃"佛系"恋爱的，你不挽留恋人，恋人可能马上就会离开你。那些热爱"佛系"乘客的，我就等在此地，您多走走，我正好省油。

您的"佛系"，成了他人谋利的工具，您的与世无争、不求名利，正好给逐鹿的人群腾空了场地。说"佛系"今晚就开始虚无主义，你虚无了，大家却来抢你的快递。

这就让人不乐意了，凭啥呀？

真要玩"佛系"，也要做斗战胜佛好不好，最不济也要是净坛使者。自己不争，但实力在，无人敢与你争，与人为善，但也有自己的地盘，该归我吃的东西，你能拿走的只有瓜皮果核。

有人讲，我懒得和你争辩，起码"佛系"的"油腻"耐看。但是，"佛系"真的比"油腻"更高端吗？

宠辱不惊，闲看庭前花开花落；去留无意，漫随天外云卷云舒。这种话听起来既超然，又高端，却不是背会了就可以随便说的。经历过风雨，才有资格欣赏彩虹，是成功了的过来人，才有资格惯看秋月春风。

学几句诗词就洒脱了？不计较优劣就免俗了？不在乎单身就有禅意了？请醒一醒，您进的不是真雷音寺，取到的经书怕是盗版的。佛祖说了，我这个人对效率很挑剔，都是找猴子翻筋斗云给我送快递。

我们的宣传要摆脱那种"有大房子、好车子、百万以上的高工资才是成功人士"的平面化、庸俗化的"中产阶层"叙事，天天这么"喊"，大家都会成为物质的奴隶。这只会为阶层跃迁所需达到的物质标准而焦虑，更加热衷于为利路修的操作点赞投币。

"佛系"与"丧"的产生有其本身的逻辑，"反内卷""不想努力了"是一种非常合理的情绪。我们反抗的，是福报式忽悠，是各种成功学外衣；无法接受的，是那种拼命让别人努力，从而让自己惬意的把戏。我受够了这种幌子，所以表面上是丧丧的样子，但或许，在你我的内心，仍潜藏着奋斗的姿势。

即便真对佛学有兴趣，精研以后会发现，佛法的核心绝不是求空，而是见真。网上所谓的"佛系"，是在用貌似充满禅意，实则虚无主义的外衣，掩饰自己懒惰懈怠不愿努力。

每天睡觉前，我都拼命暗示自己——你还不老，你还不老，还有机会，还有机会。所以你看，我一个头发都花白了的人还这么励志，个儿还没长完的你有什么理由着急进寺。

快别闹了，角色扮演玩一会儿过过瘾就行，奋斗才是获得幸福的真谛。

影片《肖申克的救赎》开头时说："希望是件危险的事，希望能叫人发疯。"伴随着剧情的推进，我们认为这句话是对的，不抱希望、不再努力才能避免绝望，生存下去。但男主的后续表现让我们发现，"希望是美好的，也许是人间至善"。

外界风云变幻，宣泄有理，但也别忘整装待发，"硬核操作"与"不忘初心"才能让我们实现各自的目标，最终抵达。

大学生活费，多少才够用？

网上有位母亲，把自己和女儿的聊天记录贴在了论坛里，说自己每个月给孩子一千二百元生活费[1]，结果孩子嫌少，两人发生了争吵，孩子甚至质疑自己是不是亲生的，这位母亲觉得很委屈，想问问大家现在大学生到底一个月需要多少生活费。

不会发帖的父母为了孩子都开始自学技能上网求助了，这位嫌生活费少的姑娘，竟然还怀疑自己的遗传编码，实在让父母有些寒心。其母爱女之心情真意切，我觉得闺女不会是捡来的。

这位母亲选择上网咨询，而非简单加钱了事，应该是有自己的考虑。一千二不够，那就一千五，一千五还不行，两千块拿去用！为人父母为了孩子，是不会心疼钱的，哪怕自己受累受穷。

加钱简单还不落埋怨，为啥还大费周章上网调研？你娘不担心你钱少了饿，却害怕你钱多了作。

对父母来说，最佳的生活费数额，是到了月末，你吞下最后一

---

1 事件背景为2017年。

口米饭，咽下最后一块馒头的那一刻，你的钱包刚好开始空虚寂寞。但这个度，真的太难把握了，拉格朗日点在哪儿都比它好算。

生活费多少才够花，是和化妆品多贵才有效并列的两大玄学之一。对于父母，很多时候生活费就是伙食费。

生活生活，能活就行。住宿费一年一交，随学费已经帮你充值了，住的地方已经解决，衣服也都带全了，锅碗瓢盆全都有，擦脸擦脚擦身的毛巾都各有一块，颜色配图各不相同，你还缺啥？除了学习，不就剩下吃饭了吗？真的需要添衣加物、购置学习设备，那些钱咱们再另算，一个月一千多块你还不够吃？孩子，我记得你不是还天天说要减肥吗？

我是来上学呀，不是来坐牢。养我不是养猪哇，不掉膘就好，请让我给您展示一下马斯洛需求层次理论好不好？

人类诉求的最底层，是生理需要；向上走，是安全；再向上，是社交；再是尊重，最高位是自我实现。如果按您的理解，我只需要吃饭的话，那就如同猪牛马羊一样，只能在第一个层级——生理需求的层面上折腾了……

打住，心理学先宣讲到这儿，其实父母担心和焦虑的源头，是对我们的理财能力没有信心。

你家里是一次性给你全年的生活费，还是分月分周甚至按天给？

不敢一次性支付，是怕一次性被花完。或许，比花式要钱更重要的，是向父母证明，我能够合理消费。

诚然，大学既不是苦修，也不是坐禅，用不着自己折磨自己，天天压制欲望。但作为一个成年人，肠胃以外的生理需求，是否可以考虑自己动手满足？

做个兼职，打个零工，劳动果实出自己手，品尝起来将会无比香甜。

等我的娃也到了跟我要生活费的年纪，我会制订一揽子计划，让他写立项书、做PPT、提交申请、开答辩会，通过了才给钱，而且还不是现金，是由我统管的账面资金，你花了钱再拿发票找我报销，合情合理合法还保真，才入账结算。我觉得坚持搞上半年，他就会放弃要钱自己创业了。

消费本身就是一个与爱情完全相反的过程，先从理性开始，中间靠感性决定，最后恢复理性。

根据诺贝尔经济学奖获得者理查德·塞勒提出的著名的"交易效用"（transaction utility），消费者购买一件商品时，会同时获得两种效用：获得效用和交易效用。获得效用取决于该商品对消费者的价值以及消费者购买它所付出的价格，而交易效用则取决于消费者购买该商品所付出的价格与该商品的参考价格之间的差别，即与参考价格相比，该交易是否获得了优惠。

简而言之，即便一个东西没用（缺乏获得效用），但你觉得买了能占便宜（具有交易效用），你还是愿意掏钱。

"买到就是赚到""买多少送多少""错过这一次，后悔一辈子"，这些口号听起来好熟悉，于是我们跑过去占便宜。后来，便宜都让人家占走了。

买家给自己设的套,是狄德罗效应。尼·狄德罗是法国著名哲学家,和他的才学同样著名的,是他的贫穷。1765年,狄大师时来运转。俄国凯瑟琳大帝听说狄德罗身穷志坚,花一千英镑买下了狄德罗所有的藏书,老狄有钱了!结果随之而来的不是幸福,而是苦恼。

狄德罗先是买了一件新睡袍,这件睡袍华美异常,以至于他走在家里总感觉破旧不堪的家具陈设与帅帅的自己格格不入。用他的话来说就是"不协调、不统一、不够漂亮"。狄哲学家很快产生了购买新家具陪衬睡袍的念头。

他先用从大马士革买回来的新地毯替换了家里的旧地毯,接着用一些精美的雕塑和一张典雅的餐桌来装饰自己的家。接着又买了一面新镜子放在地幔上,并将草椅换成皮椅。最后,他如愿以偿地又穷了。

上述购买被称为狄德罗效应,指人们在拥有新的财产后,不断配置与其相适应的物品,以达到心理上平衡的现象。人们为了满足感,而购买了自己根本不需要的东西。本来只是想买条牛仔裤,后来换房还带新车库。

生活总是有一种占有更多的自然倾向。我们很少考虑降级、简化、消除、减少,而是更喜欢升级、聚积、添加、增高。

狄德罗教授"剁"完手,总结过一句名言:"让我给你一个教训,贫穷有其自由,富贵有其障碍。"

作为普通人,我们怎么理解?

难道欲望是可耻的？夜宵是不该开始的？所有的小目标，从今天就该去停止了？

不！我一直坚信，欲望是人类进步的阶梯。

国家都说了，人民对美好生活的向往，就是我们的奋斗目标。花钱不可耻，奋斗最光荣，钱还是要花，日子还是要过。

"剁手"为啥会有快感，因为获得的交易效用让我们觉得占便宜了。"剁手"后为何又会痛苦异常？因为买了用不到的东西，感受不到获得效用，摆在家里只能"吃土"。如果买的时候太疯狂，忘了准备窝头放冰箱，你也得一起"吃土"了。这种"快餐式"的消费只会通过"自由和快乐的幻象，弥补精神的空虚"，使人变成非理性消费的奴隶。

所以，买东西，要学会只买有用的。这个有用，是当下有用，明天急用，即买即用；不要用未来用得着、明天不可少、迟早跑不了欺骗自己。

再有，买东西，能力承受范围内，选最贵的。宁吃仙桃一口，不啃烂杏一筐。把少量的钱，集中起来，精准发力。贵东西自有其价值，设计佳、质量好、使用方便，它们会让你感觉越用越值，而不会像便宜货一样越用越想扔。

不要买得便宜用得费，而要买得虽贵，但用得欣慰。把握住这个关键，即便偶尔"剁手"，"剁"完也没有遗憾。

关于买买买，我代表不了权威部门，以下罗列大学生活费属合理诉求的部分（纯属个人意见）——

饭费。吃饱是基础，吃好看情况，但归根结底还是要尽量吃健康。天天胡吃海塞，可乐三天一箱，薯条十小时一袋，同学呀，这个吃法，对身体无益的。正常三餐加水果，加牛奶，加锻炼，才能把身体搞好，把生活经营好。

生活必需品费。洗发水、刮胡刀、卫生纸、雪花膏，偶尔锻炼扭到脚，或许还得买个急救包。

通信费。以 Wi-Fi 为基础，以热点做补充，坚定地团结在流量周围，才能规划好自己的学习和人生。信息时代，我充分理解大家的这种需求。不吃饭伤身，断了网"要命"，不限流量的套餐包已经是趋势了，未来这部分支出会下降和趋于稳定。

社交费。大学生也是人，人情往来也得有，送生日礼物，请同学吃饭，偶有团体聚餐，帮助准备恋爱的同学脱单。正是这些，构筑了我们未来的同学朋友圈。

学习资料费。中国的书籍其实是相当便宜的，如若在国外，买书就贵，教材类死贵，土豪都买不起新课本，大家都是用二手的。但即便我们的书价不高，学习资料还是要花不少钱，如果还报辅导班，可能花费得翻番。

怎样理解合理？合理是指，你无论号叫还是嘶吼，要的钱只要用在上述地方，父母都是可以理解和支持的，给得也会比较痛快。

当然，具体数目因人而异、因家庭而异，我们既不搞炫富大赛，也不做比惨交流会和勤俭排行榜。您为了盘活资金，已经把食物残渣都留下来在宿舍搞沼气发电了，那属于创业项目，不是本文要讨论的重点。

但是，大学生活费要涵盖以下内容依然夸张——

恋爱费。爹妈养你已经很辛苦了，再养一个他们也不是不能接受，但你是否能保证，想让他们帮你养的这个人，将来会和你一生一起走？

休闲费。生活不能没有卡拉OK，周末必须在酒吧度过，新上的大片必看，各种娱乐项目都要体验。兄弟，大学真心不适合你，你可能网文看多了三观有些混乱，也可能是穿越时机器没充电来错了空间。

旅游费。古人云："读万卷书，行万里路。"不用脚步丈量世界，怎么增长个人才干？旅行也是一种学习方式，为什么不合理？我就说一句，如果你能不坐车走着去，我就觉得既合理也有意义。

再次，要求大学生活费丰富到这种程度会惹众怒。

奢侈品费。包包只买过万的，化妆品只用上千的，出行只叫专车或者出租车，矿泉水只喝"八二年"的，袜子懒得洗只穿一次性的。

冲动费。大一你要学吉他，大二你要搞摄影，大三你要去骑行，大四你要玩航拍。娃呀，你爱好众多兴趣广泛精力无边无沿是好事，只是咱们学个不用买设备的项目行不？比如，吹口哨？

贫困生、奖学金和苹果手机

经过春天的希望播撒，夏天的挥汗如雨，秋天的绵密打理，年底的冬季，应该是个收获的季节。

我说的当然不是爱情，虽然法律并不禁止在校大学生恋爱，领个结婚证还是个国家级别的"荣誉"，抱着娃拍学士服毕业照也挺酷的，但作为过来人，我想告诉大家，有了孩子……真心耽误复习。

当一摞摞红彤彤、金灿灿的证书递到你的手上，公告栏里堆满了各种通告表彰，你的银行账户突然有了资金滋养，你就会知道，我说的收获季，指的是学习。

上大学的时候，有次考试我冲进了年级前十，得到过两百块的奖学金。光阴荏苒，时过境迁，三位数早已撩不到大学生们的兴奋点，虽说学习不是为了钱，但要奖励先进形成导向，金额大肯定更有吸引力。

特别在当下，国家的资助政策力度渐强，其中国家奖学金，每年奖励本、专科学生五万名，每生每年八千元；国家励志奖学金资助面约为全国全日制普通高校本、专科（含高职、第二学士学位）

在校学生总数的3%，每生每年五千元；国家助学金资助面约为在校学生总数的20%，平均资助标准为每生每年三千元（可分档）。综合计算，假设一个班级总人数为四十人，各类奖、助学金评下来，班里大约有十个人会领到钱，最少也会是两千元（以助学金最低档计）。

我觉得这种体量的奖励，对于大多数学生，能够引导好学争先风气产生。

当一年已经过完，到了各类奖、助学金的集中评选期，当初立的小目标是实现了，还是推延了？如果是前者，我猜你的奖学金专用账户已经收到钱了。账户里多了几千元，虽然不是什么巨款，但对暂无收入的学生，还是会有久穷乍富的体验。这时候，往往有些小心思就冒出来了：

哎，iPhone 14要上市了你们知道不？

地球人都知道。

你喜欢啥颜色呀？

黑的吧，黑的炫酷，还显瘦，但喜欢有啥用啊，又买不起。

我计划好了，开卖后立马购一台。

你哪儿来的钱哪，可千万别犯傻呀。

一看你们就没有经济学常识，能不能过得好，关键靠自己闯，贫困生助学金这不快发了嘛，三千块马上到手，再跟家里和朋友筹点，还能凑两千。

五千也不够哇，再说你iPhone 13不是去年刚换吗，太奢侈了吧。

你的观念太陈旧了，不会花钱就不会赚钱，这小屏幕我早用烦了，看视频玩游戏感觉太差，三千块抛售，分分钟处理掉，这不就八千大洋了吗，轻松搞定新款iPhone。"

"这个"置换"模式倒是没问题，不过你刚才说的是贫困生助学金，拿这个钱买新款手机，好像有点……"

"我自己凭本事申请的，你管得着吗？"

这位同学，请你登录全国学生资助管理中心网站，标题大字显示无比清晰，宣传口号写得简洁有力——不让一个学生因家庭经济困难而失学！

这钱是干什么用的相信你应该看明白了。经济不困难而去拿本来该用来助学的钱，这钱是有总数的，不是多你一个不多，少你一个不少，你多拿一份，就有真正困难的少拿一份。

你拿了是换手机、买新衣，尽是锦上添花之举；别人拿了是多加一份肉菜、多回家看一次亲人，全是雪中送炭作为。

拿这种钱，是为不仁。

有人也会辩解，一个班能有这么多贫困生吗？现在吃不上饭的还有几个？此外，由于困难学生在班级之间分布并不均衡，但贫困生补助政策在实施期间多少要考虑班级之间的平衡，又可能出现有的班级吃不饱，有的班级"用不了"的情况。

我们已经不是在讨论怎样分配更科学了，而是在考量人性。

班里不困难的都拿了助学金了，我家境和他们差不多，甚至还不如他们，是不是也该申请一下？我是班长，咱们班同学家境都不错，其实都用不着助学金，兄弟班级困难生扎堆，真的是不富裕，名额分给他们几个？这么干班里同学会不会骂我？他家里条件比我强多了，竟然还拿比我高的助学金，不就是比我更会"说"吗？

这些问题我回答不了，也许公道自在人心。

贫困生助学金评选的标准问题我们到此打住。

如果完全是靠成绩拿的奖学金，和贫困生标准根本没关系，这钱说实话你爱怎么花就怎么花。但我还是想在你头脑一热下了馆子、脸皮太薄请客吃喝、物质第一追求时尚……把钱全部败完以前，再唠叨两句，供君参考。

如果按消费大类做一下切分，钱有两种用法：一是买体验，二是买实物。如果在这两者中做一下筛选，希望各位能够不要囿于成见，优先选择买体验。

有实的为什么要来虚的，买点穿的、用的，实实在在攥在手里不是更有成就感吗？

消费对人的作用，一类是开天辟地，一类是锦上添花。

所谓开天辟地，指的是你从没做过的事情，吃过的东西，见过的风景，体会过的感情。所谓锦上添花，指的是在现有基础上，更新换代，查缺补漏，优化提升，更新、更美、更快、更顺畅。

能够产生上述两种作用的，毫无疑问都是合理消费，但若资金有限，只能选择一种，我觉得应该优先选择开天辟地型的。

网上有人问过问题，"哪些瞬间你发现贫穷限制了你的想象力？"

有人说，你对比一下《红楼梦》的前八十回和后四十回就知道了。另有人表示，他始终想象不出首富的两千亿资产换成现金是多大的一堆。

诸多调侃的背后，也道出了一条真理。很多办法、策略、道理、路径、选择，真的是没见过就想不到，想不到更没有可能做得到。

我知道，但我不想要，那没什么可遗憾和感叹的，最痛苦的，不是不能够，而是本可以。

几千元的奖学金，如果用来买手机、买衣服、买日用品，带给你更多的是消费升级类的改变，你的手机更流畅了，衣服更漂亮了，日用品品牌更高端了，但这些带来的改变，你靠想象也可以基本猜到。

但你如果没到过一座城市，看再多的文字、视频、图片、旅游攻略，也感受不到它的真实气息和温度。如果你从没去过一所大学，听再多的讲座介绍、报考攻略，也把握不住它是否与你的气质相符，是否值得自己拼尽全力，拿出最好的青春去赌。

如果你从没见过大海，如果你从没到过演唱会的现场，如果你从没和牛人大咖有过交流……手头有一笔小钱，世界这么大，不妨去看看（注意，我说的不是旅游景点）。

不好意思，扯远了。

如果我是真心不富裕，合理合规拿的助学金，怎么花是我的自由，我记得申请的时候没说有消费禁令啊。

确实，助人者如果全都附带条件，甚至要求回报，便会失了自身的崇高。唯有个体的行为不期望任何回报时，才称之为利他。对被帮助的人指手画脚甚至设置禁条，则容易落入道德绑架的俗套，所做的便不再是义举，而成了标榜自己的"生意"。

但是，助人者不提要求真不代表被助者可以不自律。

我来扶贫给你买牛，让你靠养殖脱贫，你却杀了吃肉，还说清炖还是火锅是个人的自由。心疼钱还在其次，这种事实在让人寒心。

某些高校早有规定，贫困生若有奢侈高消费行为，校方将取消其贫困生资格。

但怎么才算高消费，确实很难因为一件事、一次消费就进行界定，画一条线一竿子打倒一船人更加不合适。

贫困生有追求高品质生活的权利吗？肯定有。

贫困生就不能用苹果手机？当然不。

我买的iPhone 6，花了四百五，这也叫高消费？

比较喜欢苹果的设计，攒钱买了台iPhone X，还是二手的，但同学知道后说我是"骗子"，甚至让我退回助学金。我家里条件真的很一般，这让我觉得很委屈。

我家境困难，难道就不能买自己喜欢的东西，难道就非要时刻保持"困难"的外观？难道助学金就只能用来改善我的生存条件，让我夏天不会中暑，冬天能够保暖，超出了"温饱"，就成了"虚荣"？

大学也是个小社会，很多人就是会根据穿衣打扮看人下菜碟，我不收拾利索点，真心没法进入别人的社交圈。

又是一堆两难的选择，我解释不清，也许凡事都有个度。

其实，我最不愿意看到的，是真正困难的同学，因为不了解、不清楚、不敢说，错过了本来是帮助自己的重要政策。

很多时候，困难不单体现在经济上。

因为经济困难，不懂人情世故，不知关注政策，不会清晰表达，不敢抛头露面，导致需要帮助却不被人所知，或是得到帮助后还要被别样看待，这真的不怪他们，是经济援助之前的软性帮扶没有到位。

当然，也希望经济暂时困难的同学们，寻求帮助不能靠等，如有"误解"要主动澄清，更不能把受到的资助视作理所当然的"囊中之物"。

其实不管是奖学金，还是助学金，国家政策都要围绕一个共同的"学"字选对人，受到奖励或资助的同学必须要明白——虽然外界对我们买什么手机没要求，但是对我们的素质提升真的有期待。

高配电脑你真的会用吗？

同学您好，您即将收到一个TB级的蓝光版视频文件，请确保电脑容量已更新。

咦，通知书不是说大学生要刻苦学习，带电脑会太占精力吗？

那是过去，现在没电脑教室都进不去，宿舍兄弟也是一脸嫌弃。

好吧，你算算需要多少钱，妈去银行帮你取一下。

现在的年轻人，就算不是技术大拿，也知道买电脑得问配置，了解了解中央处理器，问问显存有多大，但在我儿时的记忆里，电脑等同于键盘，把这一百多个键敲熟练，就视为会计算机，相当于现在的程序员。

二十世纪九十年代，小霸王学习机名动天下，市场占有率一度高达80%，比现在的平板电脑不知道牛到哪里去了。其聘请某动作巨星代言，一句广告语"同是天下父母心，望子成龙小霸王"，让父母们觉得不掏钱简直就不配当家长。

小霸王学习机如此成功，有当时"计算机要从娃娃抓起"的时代风气效应，但我觉得，促使它成功的，更是它"程序员"造型的键盘式外观。没有主机,没有显示器,更没有鼠标,就是一个键盘,这就是全部了,哦,不好意思,还送两个游戏手柄。

后来,我加倍努力,日夜练习,终于把魂斗罗打通关,还练成了指法神技。学习机买了好几年,键盘比朋友家精心保养的跑步机履带都新,但游戏手柄的十字键,皮都秃噜了,一按还叫唤。我妈一看到这样的局面,就开始感慨"生娃不淑",上当受骗。

听我自爆完黑历史你就明白了,你进大学前跟父母要钱买电脑的嘴脸,和我当年申购"学习机"回家练游戏用的是同一副。

妈,上大学都得学编程,我得买台好电脑。

爸,很多作业都得在网上做,电脑配置高,上网才能快。

爷爷,我报的是设计专业,要天天跟图像打交道,我上网查了,处理这些问题,显卡必须得是加厚的,显存低于100G,交作业会误事的。

奶奶你就别管这么多了,只要买一万块钱以上的,学习做题就基本够用了。

大家都是有生活的人,只要冠上"学习"的名义,家长就很容易丧失抵抗力。后来你们千挑万选购置的"学霸"款电脑,外观都不怎么小巧,通电后基本都有七彩灯绕圈跑。

老师您看,我这台顶配的计算机,玩……处理视频可流畅了。

同学你不用解释,解释就是掩饰,掩饰就是真有其事,我也是过来人,电脑嘛,和人脑一样,怎么可能只想着工作和拼搏,本质还是更愿意放松和娱乐,既然钱已经花了,电脑已经到家了,有几个真诚的建议，我很想多啰唆几句。

第一，不学重装系统没关系，但Word操作要给力。

Word？有没有搞错？哥三岁接触计算机，键盘都摁烂了十几个，打字键位我最熟悉，其中最擅长WSAD[1]。

嗯，我知道你换弹夹很熟练，加速大跳什么的都过关，但Word真不是打字软件，如果它是打字软件，记事本、写字板之类算什么呢。

请学会插入页码、设置页眉、使用大纲、加入目录、上标下标……这些基本操作，图片导出、字体修改、分栏对齐、全局替换什么的，只要你交的作业不会让老师情绪崩溃，不学也就不学吧。

请记住，Word是排版软件，你的任务，是让作业整洁美观。

第二，就算开机都不熟悉，也要会做PPT。

你说PPT就是红图标那个？不就是红标版的Word吗，就是字号大一点，方便投影看，还可以加个图什么的，比较方便。

嗯，你说得很有道理，让我产生了给你打59分的动力。

PowerPoint，简称PPT，起这个名字，是辅助你演讲、展示、答辩、陈述观点，让无力者有力，让有力者别"挂"你，所以，请在掌握使用PPT打字的基础上，熟悉一下配色、页面布局、幻灯片母版。哪怕只愿意下载模板使用，也要会改会删才行，用带着北清交复校徽的模板在咱们这里答辩，老师会觉得你屈才的。

---

1 游戏中常用来控制角色上下左右方向的移动。

第三，如果愿意折腾，请学点"网红"类技能。

你可以瞧不起网红，但一定不要小看他们的图像处理，特别是视频编辑技能，P图近乎"妖术"，短视频既需要才华还考验实效性，如果你能够熟练掌握PS、PR、AE、AU等Adobe系列音视频处理软件，不用大学毕业，兼职收入就可过万。

我愿意相信，也乐于相信，要台高配置的电脑，不单是为了游戏，更是为了学习。具体到应用实际，硬件给力了，不单是进游戏快，开办公软件、图像软件、建模软件、编程软件都能节省时间。注意劳逸结合，努力平衡收益，试着让电脑变成生产力工具，输出点能有收益的东西，会对你的学习产生巨大的推动力。

知识点不少，听明白了吗？

好的老师，您讲得这么透彻，我就可以心安理得地换机械键盘了，这不都是为了学习嘛。

我觉得你需要先重修"大学语文"，把阅读理解能力再重点强化一下。

第 2 章
和自己的心聊聊天

在微光成为炬火前

你相信出身决定论吗？

不信出身决定论的，年轻人会多一些。

青年血气方刚，有道是王侯将相，宁有种乎，皇帝轮流做，明天到我家，纵有天命加身，我也能逆行改之。

而活得越久，越能感觉到家世、父母、原始成长环境叠加在自己身上的种种效应，或许人生也呈现一种量子态，观察者自童年起就已驻扎在我们体内，在他们的反复审视下，汪洋恣肆的岁月河流收枝敛蔓，从可能塌缩为宿命。

曾国藩为自己所撰的墓志铭写着："不信书，信运气，公之言，传万世。"凭此一句，虽不能尽信读书无用，但从立言、立功、立德的成功者身上，也不难发现对运势的无奈，和对气数的无措。

而这种运势和气数，是否在冥冥之中，也早已和出身绑定？一片混沌之中，老天是否早就给每个人都布置了位子？

幼时家境困难，我妈行事的最高指导原则就一个字——省。能花一块五解决的问题，绝不让它发展到一块六。能坚持用十天的物件，绝不缩水用九天。家中绝无闲着的钱，也没有任何多余的东西。

去经济状况稍好的亲戚家，很多现象我完全无法理解。他们家窗台、桌角、茶几，竟然总有一些硬币和毛票。我在家翻箱倒柜，能换糖的酒瓶子都找不到一个，世界上竟然会有闲着的、被遗忘在角落的钱？！

别人家的孩子去买零食，一次竟然花了十元钱。你问我是不是羡慕，有没有嫉妒。完全没有，因为另一种感觉更强烈——罪恶。

活着就已经竭尽全力了，没有余力端详别人面前的咖啡。

三十多年过去了，三餐之外，只要加一点零食，立刻跑肚拉稀。腹痛来得太快，就像龙卷风，我想我着急排出体外的，不是多余的食物，而是精神的负担。

对于衣服，我没有旧的概念，碎了才能成为不穿的理由，经济独立后受享乐腐化思想的侵蚀，有破洞了就开始想换。一件外套两千块，一条裤子八九百，薅人毛织布做也不用这么贵吧。

当然，别人定价自有合理之处，这样吐槽只会显得自己无脑。但幼时的成长经历，让我能接受的衣物售价天花板，也就在两百左右。

请不要嘲笑我，一两年前，这个数字是五十。

我恨自己的父母吗？当然不。他们把最好的都给了我。

永远忘不了我妈晾在绳子上的背心，阳光不是洒在上面，而是射穿了它，洒在地上斑斑点点，像是经过了一片树丛，而我背心的影子，总是很完整。

或许你会说，这不也挺好吗，节约光荣，勤俭致富，但我努力了多年，始终无法克服消费带来的负罪感。

花钱的快乐往往转瞬即逝，付款后的焦灼却长期如影随形。太看重钱，两眼盲了，错过了许多更重要的美好。

大学毕业十周年同学聚会，关系最好的哥们儿喝多了跟我说，还记得大一请我吃饭吗？你给我买了两个包子，问我吃饱没有，我不好意思说还饿，回去又吃了俩馒头。

望着身高一米八，体重一百八，如今和当年体格相差无几的他，我心里暗暗怒骂，自己当年，真的那么麻木和不堪吗？幸好他还把我当朋友，今天还能告诉我。

或许还有更多人，今天已经不愿再提我的当年，或者当年早已不记得，只是觉得这个人，不交也罢。

只顾当下，低头捡起每一个贝壳，全然忘了前方的大海。

我想这辈子自己是做不了生意了。成功的商人应该是粗线条的，把握大局，勇往直前，细枝末节不是不重要，而是不应作为有限精力的主要投入方向。而我，一天赔一百块就能愁死，为省五六块成本就能累死。

玩游戏，我要打开路上的每一只箱子，杀死遇见的每一头怪物，病态般地确保自己没错过任何财宝。而真正的高手，一路高歌猛进，早已通关，打倒了大BOSS，拿到了更加丰厚的奖励。

带孩子旅游，顶着三十八摄氏度的高温等公交车去景点，只为省几个打车钱。看别人买旅游纪念品，竟还能生出智力上的优越感。

一味节省，攒下的有限，却留下一路遗憾。

毕业后到外地工作，每个星期五，我定时给家里打电话。手机打长途一分钟六毛，舍不得用，办公室电话有IP拨号功能，两毛一分钟，花的还不是自己的钱，人穷志短，结果你懂的。

有个周五，实在太忙，没顾上跟我妈联系。当时我想，下次吧，下个周五多聊两句也是一样。隔了一天，周日中午，接到急电，我妈去世了，心脏病突发。

多年过去了，我还在不停地问自己，假如在周六，用自己的手机，不怕花那按分流逝的六毛钱，我妈是否有可能活到今天？纵使结果没有改变，起码我还在她走的前一天，多了些回忆和想念。

可惜，我没有。

当年一秒钟一分钱不舍得，今天一秒钟多少钱都没机会了。

出身能决定人生吗？不一定。但出身会塑造我们，却是一定的。

是非心、金钱观、爱情论，种种排序、诸多考量、万般计较，养育我们的长辈、从小置身的房间、陆离变换的周遭内化成一种语言，写就了我们的人生编码，决定了你我的生存模式。

出身不能改，出身也不可恨，但后天模式值得花精力调整，特别是像我一样，已经意识到不足的时候。

先天养成容易，后天要改很难。出身是原厂系统设置，打开官方应用市场，加装各类软件，各种换肤优化，曾以为已经脱胎换骨，实际一直在路径依赖。

你我要面对的，不是一次升级，而是一场越狱。还记得弗罗斯特那首诗吗？

Two roads diverged in a yellow wood,

(金黄的树林里分出两条路)

And sorry I could not travel both,

(而我不能同时去涉足)

I took the one less traveled by,

(然而我选择了，人迹罕至的那条)

And that has made all the difference.

(由此决定了，我的一生)

无论何种选择，皆是自我定夺。不管哪种注定，或许都有路径。别抱怨出身，别感慨命运，人归根结底，要对自己负责。你我能做的，只是"做好"和"做对"。

如何避免被"废掉"

有人说,人生最辉煌的时刻是高考前六个月。

这时你上知天体运行,下懂无机反应,前有椭圆双曲线,后有杂交生物圈,外可说英语,内可修古文,求得了数列,说得了马哲,溯源中华上下五千年,分得清地壳赤道北极圈,唱歌不跑调,投篮球不偏,兼修武术还懂艺术,会用坩埚烧杯老虎钳。

高考之后六个月,除了玩手机,什么也不会了。

有人不乐意了,谁说的,我就一点也没忘,还更熟练了呢!

去去去,复读生别在这儿瞎捣乱。我们聊的,是成功人士的"堕落"史。

给你出道题,猜猜日语中"勉强"这个词是什么意思。汉语中也有"勉强"一词,但在日语里,"勉强"的意思是学习。

刚知道这个答案时,我的内心是拒绝的,震惊中夹杂着纠结,纠结中缠绕着怀疑。就像去吃老婆饼,啃了两口发现里面真的有老婆,买珍珠奶茶,真的喝出了几颗珍珠。一时间遇到这么务实求真的一个词,心里只剩一个大写的服。

我保证，就算活到一百岁，牙掉光了我也忘不掉这个词的意思。学习就是勉强，不需要勉强的不配叫学习。

给你一秒钟，反思一下每天做的事。你是怎么废掉的，开始有点印象了吗？

废人刀法第一招：八点投资，八点零一就要见效益。

玩游戏，一刀九十九级，真爽。看网络小说，第一页出生，第二页得诺贝尔奖，第三页就开始渡劫了，嗯，人生就得是这样的节奏。吃饭要当场感觉到饱，至于其他的事，如果不能立刻见到好，对不起，这种事情我做不了。已经习惯了这种反馈机制，会让你再也忍不了当场看不到效益的东西。

废人刀法第二招：热爱刷不需要走心的东西。

拿起手机不听音乐不玩游戏，那就只剩一种操作，用一个字就能概括——刷。刷段子，刷八卦，刷剧集，为什么刷屏觉得这么轻松，时间耗费得这么容易？碎片化，主题不断切换，易接收，大脑不用加工。长时间不走心，心不会发胖，心会直接"死亡"。

废人刀法第三招：认为只输入不输出就能成就自己。

每天坚持背单词，一日不落打卡到朋友圈。看书看书还是看书，不断刷新本数证明自己的勤奋程度。学各种技能，囤各种课程，App占满了内存，却基本都在吃灰。学而不思则罔，思而不学则殆。

只学不做，只想不练，还营造出一种奋发图强、蒸蒸日上的假象，还不如刷手机玩游戏。人家好歹还享受了，你是一边折磨自己一边欺骗自己，只要能受这种罪，将来就能成功。你确实吃下去不少，但消化欠佳，肚子太大，怕是起飞不了。

废人刀法第四招：坚持用老套路解决问题。

我们热爱用老套路解决问题。因为那样既不伤神，也不费力。但这既不是日语里的勉强，也不是汉语讲的学习。很多人电脑里还装着经常崩溃的老软件，明明智能手机已经换了多款，买票却还是非要去火车站排队找"体验感"。

嗯，他们字打得很熟练，拿票上车也从没错过站，除了要面临被时代抛弃和智力降低的风险。

任由以上几把钝刀子磨你，人即使不会马上废掉，也会慢慢变得低效。因为你封闭了所有提升自己的通道。

那有没有捷径，让我重新开始奔跑？像那种三天学会绘画，一个星期就能和老外熟练对话，一边睡觉一边掌握JAVA开发……让人感觉轻松的不是学习，而是娱乐。

那为啥还要自我折磨？因为有"输出"的时候你会兴奋得夜不能寐，有成就感的时候真的感觉很高兴。做什么才有效？说实话我也不知道。但不了解吃什么才能减肥……我们起码清楚不暴饮暴食可以大概率避免增肥。少做错，结果自然多为正确。

再介绍一些更具普遍性、社会性的"废招"，各位看看有自己中过的没有。

做了多年教师，接触各色学生，经验越丰富，越觉得干扰、影响、阻碍年轻人发展的，不是考分和绩点，不是专业技能和职业素养，而是本应在幼儿园阶段就掌握的常识。举几个我一直为之困惑的例子：

迷之场景一：不会说谢谢。

有种人是这样的，你的所有努力、所有付出、所有精力，在他看来都是天经地义。别人帮他指路他不说谢谢，递给他东西他不说谢谢，他觉得这都是顺便，又没占你太多时间，非得要个谢谢是你太小家子气。

但更多时候，你专门拿出精力，腾出时间，挤出空闲，为了他的事情忙得灰头土脸，他还是不说谢谢。他的逻辑已经变了，你不是本来就会做这种事情吗，我正好给你创造了机会。就像有人觉得自己不乱扔垃圾环卫工人就会失业一样，他觉得自己是你的恩人，给你提供了检验能力和水平的场景。他无须感谢你，反而是你要感谢他——多谢你让我发现了自己隐藏的才华。应对他的各类请求，直接拒绝会显得自己心胸狭窄，又给他落下了埋怨的话柄。

迷之场景二：见人不打招呼。

远远见到一个人，开始挥手、微笑，说你好，结果对方一脸漠然，如果是认错人，那还只是尴尬，若明明是熟人，那才叫大写的可怕……

我一直理解不了在生活中面对面、脸贴脸遭遇，还能强忍不打招呼的人。或许在他们看来，这是一种无声的对抗，心照不宣的较量，谁先张嘴谁就输了，问声好是个特别跌份的事，谁先说话谁是晚辈，沉默不语才是大爷。

现代社会崇尚法治，但基本交流也绕不开人情。我在各种交流场景中不停地强调：脸熟是个宝！即便对方不知道你的名字，但像智能手机一样能识别你的容貌特征，他所经手的事宜，不违反原则的前提下，你往往就能获得优先办理权。

过去我还幻想，走在街上，遇到上过课的学生，会亲切地围上来问好。现在，我已经死心了。如果想让一个明明认识你的学生应付你两句，你得死死盯着他，让他发毛，让他恐惧，他才会小声打个招呼：老师，我考试是不是挂了？

迷之场景三：不爱惜别人的东西。

早年间，我曾负责给学生收发练英语听力用的耳机。本以为这种"粗笨壮"的设备，用上一两届班级没问题。可没过完一学期，学生就反映耳机大部分已经不能用了。开关失灵，天线折断，海绵衬垫像当下最时髦的牛仔裤，全是破洞和散线。最惨的一副耳机，按什么部位都没反应，我拎起来甩了几下，竟然流了一地水。请问你听的是美食频道吗，口水多到污染了机器？

蹂躏公共物品手法粗暴，大抵是觉得，用得越猛，能占到的便宜越多。要是将来出差住店，走之前不用床单把皮鞋擦亮，把卷纸用完，怕是对不起自己交的两百元钱。

产权清晰的私人物品，在他们的手里命运也好不了太多。帮别人把书包捎回宿舍，你的书包估计会受不少粗暴分拣的折磨；让他帮忙递一下手机，你的手机最好穿着铁甲外衣。把别人的东西弄坏，是一种他发泄不满的姿态，或者在他看来，让我帮忙，就会有成本，允许我使用，我就有权力让它折旧。

我只想问一句，你自己的手机已经用了三年，依旧很新是何原因？

迷之场景四：做事情不用心。

交作业不知道写名字，收材料不懂得统计名单，组织活动不顾现实照搬通知，完全不会权变和调整。推一推，转一转，推三推，转两转，有时甚至推半天，一点也不转。

在他的观念里，你安排的事不是我的事，我能做一点点已经是给你面子。你还想让我动脑子，我脑子太胖，需要常年静止，才能储备能量。

什么样的事才是自己的事，才值得上心动脑子？我觉得，只要是自己经手的事，都是自己的事，或许你不享有成果，但起码能借此证明能力。凡事必有回报，虽然回报不在此事此时此地立即出现，但肯定会在他处他时给你惊喜。

不要觉得自己不走心是因为自己不想走心，有必要时立刻可以认真。走心也是需要练习的，常年不用，心会老，心会丢，会有心无力。

众多常识缺失所映射出的，其实是一种自我中心化的病态趋向。

我的地位最高，所以不用向别人道谢；我的时间最宝贵，所以没必要和别人打招呼；我的利益最重要，所以漠视他人的权益；我的事情才叫事，所以敷衍应付外界的请求。

成绩不好，哪怕挂科不少，但热情上进、与人为善、积极努力的学生，我都不担心他们的前程。

但为人冷漠、没有团队精神、不会处世、办事敷衍塞责的年轻人，即便门门100分，绩点很高，我还是觉得，你连企业的试用期都过不了。

读书有用吗？当然有。但缺乏常识，拒绝改变，不愿"勉强"自己应对挑战，读书就无法叫作学习，知识就不会为我们增智。

不如由"丧"变"上"

有一段时间，我的情绪状态处于历史最低水平，自己开始在心里默默揣测，难道，最可怕的事情已经默默发生？我已经提前遭遇了更年期？

不可能！更年期都会有反应的。头晕、出虚汗、上课爱拖堂什么的，我都没遇到过。我还是个年轻人，不能搞这种负能量的自我暗示。

奋发、奋斗、奋不顾身才是我应该追求的状态，可我真的没什么想要的东西。不想买新衣服，不想吃好吃的，不想看电影，不想读书，不想听音乐，不想换新手机……

我是不是出问题了？

我自己给自己把脉，把脉象换算成网址，上网搜到了答案。我这个"病"，竟然很时髦，属于"丧文化"的一种表现。

以"废柴""悲伤蛙"等为代表的"丧文化"的产生和流行，是青年亚文化在新媒体时代的一个缩影，它反映出当前青年的精神特质和集体焦虑，在一种程度上是新时期青年社会心态和社会心理的一个表征。

看完这个概念，我的心情特别愉快。原来我和"00后"是一样的年轻心态。这种找到同类的感觉真的非常棒。

作为一名教师，我经常参加各类教研活动。学习过各种各样、千奇百怪、五花八门的教学方法。它们有的从学生关系入手，通过建立学习兴趣小组，让组长代表大家学习；有的从教学策略想招，让教师把教材教案"破壁"打烂，自己吸收知识的营养；还有的用任务驱动，让学生角色扮演奥特曼，自行结对，去打野生小怪兽。

教育研究者们为了让学生能听进去、听得懂、听得会，把自己的科研成果磨得稀碎。其过程，就像喂婴儿吃饭，大勺不行换小勺，小勺不行换吸管，手抓不吃用嘴嚼，怕太烂了换杵捣，吃得少就放音乐，消化差就做推拿。在各个环节上下功夫，从每个细微处用力气，你要是吸收不好，就给你猛补维生素，如果理解欠佳，就先循环一百遍吧。

我理解研究人员的心意，并敬佩他们的努力。但各种各样的花式教学法，仍有一个关键问题无法拿下。学习者自己没有动力怎么办？

刑侦界有一个共识，没有动机的案子最难破。因为只要事出有因，通过核查各种人员关系、财务状况、社会状态，总能发现犯罪嫌疑人的蛛丝马迹。你的图谋，终将让你露出马脚。但要是随机在街上伤人，根本不知道受害者姓甚名谁，如果没有监控和目击证人，这案子将会无从查起。

没有动力的学生和没有动机的嫌疑人一样，会让任何老师的任何拳法和招数落到空处。

这道题可以这样解，我不关心。

毕业设计可以这样做，我觉得无趣。

同学你挂科了怎么办，习惯就好。

同学你这样会毕不了业，无所谓的。

从教十余年，我悲哀地发现，确实有些人，是你想拯救也拯救不了的。就像无法叫醒一个装睡的人一样，再好的老师，也无法教会一个假装上课的学生。你和他飙戏，他只是摆拍，如果你竟然还感动了，千万别以为对方爱上了你，你只是碰巧撩到自己了而已。

当然，"丧"到极致，已经变成"丧尸"的是少数人。多数人是不想太"丧"，无奈在"丧"的大环境里待得太长，如同被吸星大法的魔爪按住了胸膛，开始狂泄真气，变成了一具皮囊。

堕落真的是可以上瘾的。传统心理学的关注点，是研究情绪之后的行为。

我开心，所以看到你微笑；我生气，所以看到你喊叫。这样的逻辑，旨在证明，什么样的激素分泌和相关水平，决定了你我的言行。但现代心理学已证明，主动的行为，是可以影响相关激素分泌和情绪的。

什么意思？

如果你不开心，不妨假装微笑，努力热情地和人交流，坚持一会儿你会发现，自己的心情真的变好了；如果你不想学习，认真读书十分钟,你会发现某种成就感油然而生。

钱锺书有本很薄的散文集《写在人生边上》,看他的自序,大概是不愿意把这种东西拿出来出版的。虽然"文无第一、武无第二",文人们似乎都谦恭有加、低调异常,不像舞枪弄棒的汉子,有个三招两式就敢号称天下第一。但武人自负,或许是内心怯懦的外在表现,而文人自谦,则可能是私下谁也不服的虚假外观。

由此,我非常没有品位地认为,钱先生不愿意把这种压箱底的私货拿出来出版,绝不是感觉写得不好,而是感觉太好,自认无比正确,以至需要特意严加保护,不愿意公之于众听见半点不一样的声音。

好在我不存任何怨念,无比赞成钱先生的观点,特别是在那《论快乐》一篇里,他对快乐这一感觉的论述,实在是不能更精辟得当。

在法语里,"喜乐"一个名词是"好"和"钟点"两字拼成,可见好事多磨,只是个把钟头的玩意儿。我们联想到我们本国话的说法,也同样的意味深永,譬如快活或快乐的快字,就把人生一切乐事的飘瞥难留,极清楚地指示出来。所以我们又慨叹说:"欢娱嫌夜短!"因为人在高兴的时候,活得太快,一到困苦无聊,愈觉得日脚像跛了似的,走得特别慢。德语的"沉闷"一词,据字面上直译,就是"长时间"的意思。《西游记》里小猴子对孙行者说:

"天上一日，下界一年。"这种神话，确反映着人类的心理。天上比人间舒服欢乐，所以神仙活得快，人间一年在天上只当一日过。

快乐在人生里，好比引诱小孩子吃药的方糖，更像跑狗场里引诱狗赛跑的电兔子。几分钟或者几天的快乐赚我们活了一世，忍受着许多痛苦。我们希望它来，希望它留，希望它再来——这三句话概括了整个人类努力的历史。

作为普通人，我们无法和文豪一样，体察入微，表述精当，但作为原子结构并无二致的灵长类，感觉还是大体相同的。快乐，快乐，只要是好的感觉，便不长久，擅长沉淀的，总是糟心的事，时间长久，人死了——叫亡，人没死——是丧。

但大学生们喊"丧"，我觉得还是太过矫情，你们才多大呀。

没有经历过买不起房的痛苦，借不到钱的尴尬，娃不学习的无奈，你们的"丧"，只是"为赋新词强说愁"。只能道一声"天凉好个秋"的我们，才是"而今识得愁滋味"，需要把"丧"伪装成社会潮流，为自己垫背遮羞。

时不时会看到人到中年承受不住压力，选择告别整个世界的新闻。如果我再年轻几岁，对这种新闻的第一感觉是太傻，人活着就有机会，为什么要走极端，这也太不负责任了。但自己也进入奔四的年纪后，却是一声叹息，内心先是理解，才是惋惜。

三四十岁为什么叫壮年？不是个人身体强壮、心宽体胖，是生活要求你强、你壮、你强壮，不够强壮，那就靠坚强强装。

上大学前，按高中老师讲的故事，人生应该是越来越简单的。到了大学，你们就可以尽情地玩啦，再没有高中这么痛苦的生活啦。后来考研、上研、找工作、结婚、生孩子、养孩子、又生孩子、同时养两个孩子……我想把高中老师请过来，和他对峙，你骗人！

日子我数着过，熬着过，捂着过，没羞没臊厚着脸皮过，为什么轻松闲适一直躲着我？

也有人觉得，所谓的中产阶级焦虑、中年男人危机都是伪命题，不是说这些人过得其实不难，而是总在焦虑、总在强化危机感的人们，因为自己扭曲了人生观，设置了不当的幸福基准线，所以才总觉得苦海无边，回不了头，没有岸。

我不反对这样的意见，但无论怎么看，人生压力随着年龄递增的趋势不会变。

有同学道，你就不能积极上进点吗，为什么语调总是往下探？被你越讲越"佛系"，讲得我都不想脱单了。同学莫急躁，上面全是铺垫，就是为了说给你听。

你知道，我现在路过图书馆，看到里面安静学习的同学有多羡慕吗？

你知道，对于俩娃一妻好几个老人的我，晚上能安静地看两页书有多奢侈吗？

你知道，有天晚上我背了几个单词，幸福地流出了两行热泪吗？

没有对比就没有伤害，不往人生的后半段看，你就不知道在学校的生活是多么的惬意舒适，欢乐无边。

把过一天少一天的学习生活经营得充实一点。让我们这些老家伙，看了别觉得心疼，目睹后别觉得浪费。

鼓励年轻人励志，中年人自然也不能逃避。

人人喊"丧"又怎么样，牢骚点是声音洪亮，坚持却需要不声不响，还是要相信，能安静地走一程，就会有希望。

为难事方有所得

我买过一堆书，《五天学会绘画》《一周掌握推拿》等诸如此类。以简单、快速、易学为标签的书，市面上一抓一大把，相当多的畅销书，标榜的就是无门槛、轻松学、马上会。

以"三天"为关键词进行检索，你会发现——《三天学会写作》《三天学会PS》《三天学会摄影》《三天学会烹饪》《三天学会编程》《三天学会会计》……

学习有方法，大抵没错，但若由此联想开来，认为学习有捷径，可以托关系，不妨走后门，则属脑袋被踢了，受了他人的蛊惑。

学习不可能轻松，学习也不太可能快乐。

美国管理学大师诺尔·迪奇（Noel Tichy）提出过一套理论，用三个嵌套的圆环，将个人的认知划分为舒适、学习、恐慌三个区。

最里面一圈是"舒适区"，指对个人没有学习难度的知识和习以为常的事务，个体可以处于轻松自如的舒适心理状态。

中间一圈是"学习区"，指对个体有一定挑战的知识和事务，个体会感到不适，但不至于太难受。

最外面一圈是"恐慌区",指超出个体能力范围太多的知识和事务,个体会感觉严重不适,甚至导致崩溃以致放弃学习。

由此,快乐学习不存在的悖论已经产生——如果你觉得轻松,对不起,你没在学习,你是在享受;如果你觉得快乐,很抱歉,你没有进步,你是在休闲。

所以,当你看网络小说看得眉开眼笑时,不要说自己热爱读书;当你打球虐得菜鸟嗷嗷乱叫时,不要说自己热爱训练;当你刷题刷得虎虎生风用脚都能答对时,不要说自己热爱挑战。

确实,有时间付出,也有具体行为,但我们的头脑待在舒适区纹丝没动。所以以上事宜,真的不能算学习。

欧阳修笔下的卖油翁,早就给我们上过了思政教育专题课——

陈康肃公善射,当世无双,公亦以此自矜。尝射于家圃,有卖油翁释担而立,睨之,久而不去。见其发矢十中八九,但微颔之。康肃问曰:"汝亦知射乎?吾射不亦精乎?"翁曰:"无他,但手熟尔。"康肃忿然曰:"尔安敢轻吾射!"翁曰:"以我酌油知之。"乃取一葫芦置于地,以钱覆其口,徐以杓酌油沥之,自钱孔入,而钱不湿。因曰:"我亦无他,惟手熟尔。"康肃笑而遣之。

不过脑子的事情,已不能叫"技",无他,惟手熟尔。

《一万小时天才理论》的作者丹尼尔·科伊尔(Daniel Coyle),

曾拜访过世界上最成功的足球运动员、小提琴手、战斗机飞行员、艺术家、滑板爱好者,认为经过一万小时的训练,就能成为一个领域的专家。

虽然作者强调了,要通过某些以目标为导向的练习模式来提高技能,才可以进入所谓学习加速区。但不求甚解的读者,仍然容易被书名误导——只要自己练够一万小时,就能成为专家。

细想一下会发现,以上想法纯属自我欺骗——狂做十以内的加减法一辈子,活五百岁也成不了数学家。

我们更应该去读的,是安德斯·艾利克森(Anders Ericsson)的《刻意练习》。

其理论核心假设是,专家级水平是逐渐地练出来的,而有效进步的关键,在于找到一系列的小任务让受训者按顺序完成。这些小任务必须是受训者正好不会做,但是又正好可以学习掌握的。完成这种练习要求受训者思想高度集中,这与那些例行公事或者带娱乐色彩的练习完全不同。

对照前文可以发现,这与诺大师的舒适、学习、惊恐三区学习理论不谋而合——要想学得好,唯有不怕考。

写了这么多,到底要怎样,我们才能用于实践?结论如下:

第一,不要抱有轻松学习、快乐学习的幻想,若有教辅机构承诺毫不费力、一教就过,结果要么违法,要么基本哈哈一乐。

第二,真有考级、考证、考研等具体需求时,一定注意科学制订计划,不要陷于同质化、无意义、低难度的重复性练习,貌似很刻苦，实则盖被捂，起草贪黑却和赖床全无差别。

　　第三，要学习理论而非迷信理论，观点不鲜明不会被人记住，能被人记住的典型理论必有某时某处的偏激，刻意练习也好，走出舒适区也罢，能够让人借力进步就是优秀的理论、纯粹的理论、脱离了低级趣味的理论。但若是拿来钻牛角尖，万事非新不做，逼自己改行，美其名曰这是迈向成功的必由之路，则属浑蛋行径，当禁闭三日。

　　其实，我们记住一点就好——**为难事，方有所得**。

分神是这个时代的标志……吗？

作为一名已有八年驾龄的驾驶员，累计行驶了数万公里，我可以很负责任地讲，驾车这种事情，我做得还是挺熟练的。

好学上进的你可能马上要问，经验丰富是不是就没有风险？

这种话题必须不能撒谎，无论开得多么熟练，无论多么了解路况，风险从来都不会走远，若问理由，是因为你控制得了自己，却无法控制车道上的其他物体，看起来那些轮子有人驾驶，其实驾乘者全无意识。

某日我在一个路口准备倒车掉头，远远看见一个时尚青年骑着自行车过来了，我当年科目一学得特别认真，为了将那些交通法律条文深深植入自己的内心，我特意考了三次才通过。

百米外看到这个男孩骑过来，我脑海里马上就浮现出了"非机动车辆有优先通行权"这个正确答案。于是我熟练地熄火停车拉手刹，还友好地摁了摁喇叭，意思是你先过，我是模范公民，绝对不争这一时三刻。

可说时迟那时快，这个自行车男孩越蹬越快，我突然发现有些不对劲。首先，这娃他不抬头，根本不看路，同学呀，埋头学习埋头吃饭，要是你乐意埋头放风筝也成，唯独这埋头骑车它不行。其次，这个车手还戴着耳机，我喊得比有他的快递都响，他竟然全无反应。

说实话我停车的位置也有些不当，车屁股撅出来，半个车身是横在路上的。可当时觉得就是临时避让，和晚上起夜去洗手间的心态是一样的，事情还没做完，条件所限只是临时中断，造型肯定不太美观。

后续的场景已经可以想见了，我像一个疯子一样疯狂号叫、拍打车门，自行车男孩依然非常专注地沉浸在自己的音乐国度里……哪，咣当，哎哎哎，扑嚓。

自行车撞上后车门，然后倒地，男孩身位和后车窗开口正好平齐，借着惯性一头栽了进去，还好我买的榴梿放在了后备厢，要不这娃不但会挂彩，而且会被"搞臭"。

还好最后无人受伤，只是我的后座上，突然多了个男孩左右张望。

注意力不集中似乎已经成了这个时代的标签。很多时候，不是我们想集中注意力而无法集中，而是你我根本就没有集中注意力的诉求。

过去，觉得无法全神贯注、上课坐不住、在自习室待不了两小时是种病症。现在，我们一边游戏一边上课，一边听音乐一边蹬单车，一边看球赛一边喝可乐，一边刷剧集一边做习题。

同时只能做一件事？那是老款单核处理器，在这个多核多线程的时代是要受鄙视的。

事实真的如此吗？

当你用"一边……一边……"不断造句时，效率怎么样？

当有好多个任务同时进行，是否还能保证成功率？

好多人都在抱怨，自己的事有多么多，学习工作有多么繁忙，自己人生单位面积要承受的压强换算成热量，至少可以帮助一个八人间宿舍取暖。

确实，很多人走得比手机掉电速度都快，忙起来大无畏的样子，比无头苍蝇都执着。可你回头看看自己的行进路径会发现，把这些循环往复换成轨迹印出来，会是根毫无中心指向的混乱曲线。

以为自己既专业又带感，是斜杠青年擅长多元，其实你只是聊天的时候做了半道题，玩游戏的时候新建了个文档，做项目规划的时候，一不小心就上了三个小时的网。

休闲？这辈子是不可能休闲的。工作那么多，学习那么紧，都那么耗时间，哪有时间休息，怎么可能会闲。只有不停地开着电脑玩着手机，才能维持得下去这样子。

你在电脑前一坐就是一天，手机攥在手里，一刷就是一晚。这么大的投入，肯定会很辛苦。分神之后，身体很累，于是"无神"成为我们日常状态的另一个注脚。

问问自己，除了在电脑前神采奕奕，手抓鼠标就像在耍杂技，你已经多久没有感到过精力充沛了？

灯关了Wi-Fi还在，Wi-Fi断了5G续脉，5G没流量了单机搞起来。美好生活就和洋葱一样，一层接一层，在每一个层次，都充分注入能量，才能满足我们对幸福的多维度向往。

网络帮我们"提神"的方式，不但不会帮助我们改变，而且还会纵容我们深陷。这个时代的信息太多太浓，长时间泡在里面，不下猛料你根本感觉不到。

因为分神，我们无神，因为无神，又需要重口味提神。

时代的大锅滚滚冒泡，我们以为自己是弄潮儿，还在炫耀，其实生活不断加温送料，把患病的、治病的，还有暂时没病的，都熬成了一种药。

这种药叫无聊，能治的病和它同名。

信息时代，一切似乎都变简单了。

天下大事，一机在手便知。

休闲放松，鼠标一点就来。

吃喝玩乐，指头一滑全有。

你说自己还有些寂寞？微信摇一摇，陌陌晃一晃，QQ附近人……孤单缓解了没？

信息带给我们诸多便利的同时，有没有让一些事情变难了？

有，并且很多。

这篇文章正在写，微信响了，一个微商问我买不买维生素。屏蔽了微商，QQ又开始闪，不知道什么时候加入的"宠物群"，群主要开线下交流会，你没看错，网络给我推荐的，说我是鹦鹉饲养爱好者,可能对此群感兴趣,真人真事。

强行关闭了QQ,电话又响了,一个非常有磁性的不标准的普通话:请问你需要贷款吗?

到底还让不让人好好干活了。

看到过一个例子,某公司曾进行改革,将八小时工作制调整为六小时,调整原因并非公司规模缩水、业务大减,相反公司正处在良性上升期。有人认为这会影响公司正常运转,试验结果却让很多人大跌眼镜,公司效率提升明显,很多任务还都提前完成了。其实秘诀很简单,公司在压缩工作时长的同时,对工作流程进行了严格管控,员工高效专注工作的时长反而比过去增加了,结果早干完早下班,于公于私都有好处。

但上述试验毕竟是理想状态,我们无法奢求这样的环境,大部分的场景,还是前文所述的焦灼状态。

我不想被干扰,却实在是躲不掉。有时候我真想——把手机砸了,把网线剪了,把路由器扔到马桶里,但想到工作之后的娱乐需要,心又狠不下来了。

被干扰已成了常态,总分神才是网络人。但干扰总影响效率,分神老影响水平。怎么办?

有一位我非常尊重的领导采取了这样的策略。有工作时手机关闭,电脑断网(需要的材料提前下载好),把座机线拔掉,锁好家门,人为制造"失联"状态,活不干完,绝不上线。

这种方式可行吗?

第2章 和自己的心聊聊天

当然可以，但一是需要很强的毅力和自制力；二是刚性太强弹性不足，遇事没有回转余地，有突发需求会误事；三是你觉得自己这样做了就一定能专注工作和学习吗？

我觉得常人还是很难把自己管住。网断了，你挡不住我联想啊；机停了，你控制不住我走神儿啊。别人选择这样做是因为有效，我们效仿只学了皮毛，最后只能搞笑。

逆势而动太难，还是顺势而为吧。

总走神儿，总跑偏，总掉线真的不怪你。这个世界给我们的刺激太多了。

流量是信息时代最大的资源，得流量者选择也会增加。但抢流量难哪，增粉丝苦哇！

常在网上走的网友们，啥没见过，啥没体验过，啥没听说过？

于是广大网络从业者持续以最大的阈值揣测网民，天天设计更劲爆、更刺激、更"狂野"的文字流、音频流、视频流来刷新你我的三观和底线。

你说你能保持专注力总在线？抵抗住网络信息的冲刷真的太难。或许我们要练习的，是一种多核多线程的并发操作能力。

分神了？不要紧，上一个任务挂载起来，处理完这个任务再切回去。

当然，能并发处理多任务，并不意味着注意力可以完全不集中。

即便十八核八十一线程，大脑已经修高架立交了，也需要在每个进程中保持专注和集中。

过去讲求心无旁骛、耐得住寂寞、坐得住冷板凳，能够几个小时、十几个小时地专注在一件事上。现在，我们不提这么高的要求。你的注意力，一次能保持二十分钟左右就够了。

有种番茄工作法曾经大火，其要点是：选择一个待完成的任务，将番茄时间设为二十五分钟，专注工作，中途不允许做任何与该任务无关的事，直到番茄时钟响起，然后在纸上画一个圈短暂休息一下（五分钟就行），每四个番茄时段多休息一会儿。

据说番茄工作法可以极大提高工作效率，还会有不亚于获奖学金的成就感。

如果觉得二十五分钟还有点长，那就二十分钟，二十分钟还不行，那就十五分钟，十五分钟还不行，那就十分钟，十分钟还不行……不好意思，我想你需要练练跑步，锻炼一下身体。

谨以此篇，献给在自习室里如坐针毡的考研党和备考族们。别给自己太大的心理压力，一天学十个番茄时间，足矣！

其他有需求的朋友，也可以先修炼着，能适应、善改变，因为只有跟上不断提升个人素质的时代趋势，才能在奋斗中找到属于自己的幸福。

我大一的,现在开始准备考研来得及吗?

每年九月,理应秋风送爽天高云低,可夏天还死拽着我们的衣服不愿意离去。很多新同学被晒得都换皮肤包了,天气似乎在用自己的热度,配合同学们的积极性。

为了更好地服务大学生,我积极响应单位号召,加入了新生交流聊天群。我三言两语就凭自己的专业素质消解了大家心中的疑虑,然后又用一系列的灵魂暴击,将大家的心情降到了谷底。

别怪我下手太狠,都忘了开车也要注意平稳。其实我真的是关心年轻学子,担心大家期望越高,失望越大,把一些过于美丽的肥皂泡提前刺破,或许能帮同学们预防遭遇更大的烦恼。

当我正沉浸在自己的精神导师角色中无法自拔时,有同学突然说出如题这个提神醒脑的神问。

大一?考研?现在开始复习?

我把手机点亮,认真看了看今天的日期,又翻出这个同学的信息,反复确认了她确实是大学一年级新生。突然眼角发潮,喉咙很干,想到了当年的自己,想到了曾经的手足无措,想到了曾经拥有青春，却不知道怎么"挥霍"。

同学你好，首先你的积极态度值得肯定，但是考研这事吧，大一就琢磨可能有点太早。

说实话刚看到你提问的时候，我内心是有些抗拒的，打个比方，就像一个刚上幼儿园的小姑娘，问她的妈妈将来老公应该找什么样的，也许有的妈妈可以给个"神回复"——别犯和你娘一样的错误就行。

但更多的家长，怕是张口结舌，觉得姑娘是不是受到了什么刺激，怎么现在就开始想这种问题？

问题是个好问题，只是有些不合时宜。为什么老师沉默，同学流泪，学生干部看到你都默默后退？从大一到大四，时间太久，变数太大，现在就决定实在是太早了。

可我记得我们高一就开始准备高考了呀？

没错，但高考是先参加统一选拔，其后才根据分数报学校定专业，你在高一时，高考的内容就已基本确定，就算遇到改革，也不会是推倒重做，在这种情况下，肯定是越早动手越好，规划越具体、准备越积极，成功率越高。

与此相较，考研更像是所报学校的小型招考，虽然也有统考的科目，但你选哪所学校、报什么专业，对你要准备的考试内容影响不小，如果这些问题都还没有确定，就像吃饭还没选好餐厅，就先一屁股坐在路边拿出餐具准备开动了，胃口看上去确实不错，但是请问你能吃到什么？

如果高考是大胃王比赛，那考研就是美食自选频道，前者只需要吃得多吃得快消化好，后者则需要成为美食侦探，自行解决一些烦恼。

过早准备带来的另一个烦恼，是自我加压太早，会把自己消耗掉。

吾日三省吾身没错，但吾要是总省吾身，还没开始冲刺，就习惯性地猛打鸡血、狂灌红牛，这要是练出了耐受性，或是正赛前就搞垮了身体，那是得不偿失，实在可惜。

人群中常见的，是焦虑水平偏低，啥都不在意，啥都太"佛系"的人；但也有严格自律者，约束太严密，限制太繁密，一岁自己计划断奶，三岁练习恋爱，五岁看新闻联播，十岁有科研成果，十三岁着手创业。

如果不是天才，这么搞下去，我怕你会把CPU烧掉。

对于太过散漫的人，"佛系"是他的问题，但对于一贯严于律己的，偶尔"佛系"一下，或许能够为将来保存住体力。

最后，虽然不用像高中一样，进入高一就开始冲刺高考的总复习，但早点有考研的想法，并没有什么问题。大一就开始考研备考，纵有太多"槽点"被嘲笑，也好过突击党们一个月冲击一个专业，一个星期刷完一年习题的赌命自爆式备考。

就算无法计划将来和谁结婚，也不妨碍懂礼貌、讲卫生、提高素质、文明修身。就算不是今天就准备考研，学好英语，别丢了数学，关注热点，省下的工夫会让你大有收益。

你看我，为什么现在家庭幸福、生活和谐，除了收入上……基本没有其他烦恼，其主要原因就在于规划得早。

如果对专业已"累觉不爱"

我的社交软件账号里常常出现这类留言……

A君：老师，我学法学的，我们这个专业需要的不是人脑，而是电脑，就算是电脑，内存也不能太小。宪法，民法典，刑法，民诉法，刑诉法，行政法，行诉法，商法，经济法，劳动法，知识产权法，国际法，国际私法，国际经济法，这还没算法理学、法制史和律师制度、法律文书……我觉得自己脑子里一半是各种法规，一半是犯罪冲动，一听说要考试，就有行凶的念头，得努力克制才能打消这个念头。天天背书，已经老了十几岁了，前几天坐公交，有人问我是不是上高中，我心里还挺高兴，后来聊了几句，那个大叔原来是问——我的孩子在哪儿上高中。

B君：老师，我数学一直不好，但对理科整体兴趣还行。当时报这个专业就是因为它不学数学，后来发现自己被骗了，不学数学得学复变函数与积分变换，还有线性代数和常微分方程。天天受这种折磨，我不但焦虑，而且都快抑郁了。前两天有人发朋友圈刺激我，一对情侣装模作样地给大家搞"科普"——戴着情侣戒指一定不要给对方梳头，会夹头发！你说他们显摆什么呀，有头发了不起呀！

C君：我最受不了的是画图，十八年来唯一画过的图是小时候床单上那幅。你说我要是擅长丹青当时不就学艺术了吗？现在天天背着个板子上课，人家以为我是送外卖的。

D君：你们这些讨论副科的都闪开，姐是学外语的，目前除了山东方言，正在苦练普通话。你们说我掌握母语都困难，将来能成长为合格外贸人员吗？

E君：我是学软件工程的，最善于逻辑运算和发现规律，前几天买笔记本，三块钱一本，我十块钱买了仨，他们都建议我转行学会计，说是更有前途。

F君：我的专业是哲学，老师说了，哲学的基本问题，是研究人与世界的关系，我觉得这个问题太简单了，不就是吃与被吃的关系吗？

…………

上了几个月大学，各位同学专业学识增长有限，吐槽水平都高明了不少。看起来，你们的大学，好像是一部血泪史，有血，有泪，还延续了不短的日子。

吐槽专业不适合自己的同学可以装满一个集装箱，这很正常。为什么这么多人都有这种感觉？凡事都有个蜜月期，而蜜月之所以不叫蜜年，就是因为它持续不了那么久，不能让你一直感觉甜。

进入一个专业前，我们对它的了解，停留在专业介绍网页上、开课说明手册中、各路专家口头上。而在你成为某个专业的学生，进入学习阶段后，接触的，则是它的训练过程和培养流程。华丽的语言消失了，精美的排版不见了，动人的宣传喑哑了。不是你上当受骗，而是再精美的工艺品上架前，打磨过程都不会太轻松和简单。

待得激情消退，在教科书逐步失去温度时，几乎每个人都会撞上"累觉不爱"的墙。

别呀老师，这和我想表达的完全不是一个套路，你叙述问题的角度，让我感觉我们穿的不是一个牌子的秋裤。照你的说法，人人都会遇到，你我都要面对，这不就是说，专业不适合，其实是个伪问题？

我还真不是这个意思，蜜月期之后，是震荡期。你的观点被颠覆，习惯被打破，策略被重塑，积极调整适应，可以转入健康成长期；调整不好持续震荡，不但影响专业学习，整个人的状态都会受到影响。

这种调整因人而异，无关努力，有些人确实和有些专业不合拍。不要太焦虑，也不用老紧张，这个台的节目不好看，我们可以想办法换。各高校基本都有转专业相关管理办法，有明确的转专业意向，且学习成绩排名达标，就可以申请调换专业。

老师你没开玩笑吧，我就是不适应，才学习成绩不好，学习成绩不好，才想换专业，你却告诉我，想换专业先要学习成绩好？我要是能学好，还换啥！

成绩好才能换专业，还是成绩差理应被转走，这个很可能引起争议的问题，我拒绝回答……开玩笑的，我是心乱如麻。

有人觉得，要求成绩进入前列，才给调换专业，这不是循环悖论吗？我想单身一辈子，结果你们说，可以，只要你领一个对象回家成亲，我们就同意。

亲爱的同学，你别着急，老师带你理一理。换专业还要求成绩好并非强人所难，实为理所当然。

第一，调换专业一般在低年级完成，当时并未开设过多的专业课，对你的成绩考察，更多的是公共必修和通识基础课，换到任何专业都是要学的。

第二，换专业是一种机会，也是一种"特权"，这种少数人才可以体验的重启操作，如果变成了关爱差生的"福利"免费撒播，既不公平，也不公正。

第三，想换专业？可以，请先证明你自己。当前无法适应，如何保证换后就能"水乳交融"？如果能够在缺乏兴趣的领域内，依靠个人努力取得较好的成绩，我们愿意再相信你一次。

天下没有免费的午餐。如果你想找到人生的正确答案，可能还是要先把错误的试卷答完。你对待挫折的方式，决定了挫折补偿你的水平。

这也许不关乎能力，却一定关乎荣誉。

我想，外界考察我们的终极标准，或许不是专业是否优异，而是对承接的任务，无论反感喜欢，是否都有持续输出努力的能力。

生活确实如一盒巧克力，永远不知道会有多少意外之喜，但要品尝到其中的甜蜜，糖纸还是要想办法自己剥去。

与父母"掰头"[1]的轮回

有这么一个经常被提及,却少有标准答案的问题:父母该告诉孩子家里不富裕吗?"应不应该告诉"可以唇枪舌剑争上一天,"什么才叫富裕",不同标准可以撕扯一年。

我反而觉得这里面最拧巴、最需要关注,也最缺乏关注的,并不是家里是穷是富,也不是应不应该沟通和应该怎么沟通,而是沟通的双方是什么关系。

经常有父母说,唉,总是忍不住对孩子发火,然后自己又会后悔,下一次又忍不住把孩子一顿剋,然后又后悔。

实话实说,这种情况我很理解,因为我也有。但后来我反思,发现还真不是自己能力上忍不忍得住的问题,而是内心深处的意愿觉得需不需要忍的问题。

大家试想一下,当你有情绪的时候,如果对方不是自家孩子,而是单位领导,你会忍一下吗?如果对方是朋友同事,你会暂时克

---

[1] 英文 battle 的音译,意为斗争。编者注。

制吗？如果对方是重要客户，说不定你还会笑脸相迎。

两害相权取其轻，两利相权取其重。我们还是觉得，孩子生气了大不了再哄嘛，但要是得罪了领导，没团结同事，气跑了客户，那可就覆水难收了。和孩子说话怎么都不会扣工资，不影响收入哇。

对孩子说话，可以居高临下，可以意气用事，可以随意爆发。怎么着，我生你养你，还不能有这点权力？

所以你看，如果父母和子女的关系预设本身就拉开了层级，是否告诉孩子家庭经济状况的问题，其实可以产生好多的变种——父母该不该禁止孩子早恋？父母该不该帮孩子相亲？父母该不该催孩子生娃？等等。

孩子不能接受的不是具体的事，而是没有被当作一个完整的人。父母天天琢磨的如果总是如何保持自己的权威，觉得他还小，他还什么都不懂，我这还不都是为他好，那么无论是富是穷，告诉还是不告诉，迟早还是会出问题的。

孩子需要的是真诚，不要总想着管控。

说到这儿，不如让我们掉转一下思维，再从当孩子成为"家长"的角度分析一个问题。

家里老人出门总是不带手机，我觉得很难接受。这么重要的东西，这么关键的设备，怎么能忘呢？我就是忘穿秋裤毛裤内裤，也必须把通信产品带足。手机至少一台，经常两台，有时还加个平板用于左右口袋平衡配重。

我爸说你不怕掉裤子吗，我说我更怕掉线。掉裤子只是临时影响面子，但不带手机关键时刻掉了链子：没看到通知，错过了会议，忘改了卷子，漏登了成绩，可能下次……就没有下次了。换个人干活，比打你骂你监督你改掉坏习惯简单多了。

我仔细琢磨了一下，觉得其实还是位置决定思维，需求影响习惯。老人没有单位的通知需要回复，没有急迫的任务需要完成，没有限期的项目需要交付。带块半斤沉的板儿砖，只会觉得啰唆和麻烦。

我们想让他们带手机的目的，如果只是担心想找他们的时候找不到，怕耽误了要生活费、拿快递、买东西、接外卖，他们嘴上不会拒绝，多提醒几次也会记得。但如果我们想让他们自觉自愿、真心想带手机，还是要换到他们的角度。

想想手机能给他们带来哪些有益的改变：爸爸喜欢听广播，App给他装一个；妈妈喜欢看剧，软件给她下载好；爷爷喜欢拍照片，换个内存大、拍照效果最好的。你不用再提醒，他也肯定会带的。

不是父母观念过时了，需要"掰头"，而是我们没有站在他们的位置去重新审视需求。

第 3 章
年龄不是格局的障碍

在微光成为炬火前

我们正在丧失耐受无聊与无趣的能力

曾经做过一段时间公众号，文章写了不少。有的阅读量挺高，有的没什么人气。其间有关心公众号发展的热心朋友留言，给了很多中肯的建议。

针对阅读量不高这一关乎公众号生存和作者脸面的核心问题，有关专家指出，你写的字太多，配的图太少，从来就没有视频，加过几次音频，声音也没有磁性，音调也不够妖娆。而这样，是绝对不行的。

我到底该怎么办？

知道直播为什么这么火吗？因为人家是富媒体，质感强，内容多，想走神儿，大脑都不同意。

诚然，宽带大行其道的今天，大家确实没必要也不愿意再困在纯文字聊天室里脑补和想象了。网速到了1M，满屏都是表情；带宽提到10M，大图开始出道；到了百兆千兆直通七窍的今天，巨幕也不过瘾了。群众说，虚拟现实才是未来。或许将来接上一根线，我们可以把情书寄给自己，自己对自己放电。

我并不否认科技带来的好处，相反，我还是科技发展造就人类文明理论的坚定支持者。

我不信性善论，也不信性恶论。我觉得人，乐于助人又自私自利，满腔热情又喜新厌旧，人是理性的，又是浪漫的，总而言之，人时而听劝时而浑蛋，人的本性——有点贱。而能够根本平衡这种本性的，不是刚性法律的制约，也不是纯粹顺乎人性的放纵，而应该是——可控的满足。

萧伯纳说，人生有两种悲剧，一种是丧失个人欲望，另一种是实现个人欲望。所以无论丧失还是实现，最后都不满意，最好的办法，可能是用某种可回退的方式获得实现，提升境界后再做回自己，黄粱一梦的故事或许就是最佳案例。

可不知从啥时候开始，我们说着说着话，就需要配个图才能表达自己的意见、传达自己的心情，吐槽的时候也总在说——无图无真相，此处省略一万字。

不是说配图不好，不是说不该省，问题是，你写得出来才可以放心地去省，在想配图的时候如果没图，我只用字也能把情形描绘得像现场直播。这就和技术一样，有向下兼容的能力，再谈向上对接的理由，不能出了USB3.0插在2.0的口上就没法用了，更高更快更强需要你在地球上实现，而不是到月球上表演。

再次，图片确实比文字生动，视频也的确比符号有料。但是，这种生动有趣的需求不是什么时候都能得到满足的。

有些时候，是条件限制。比如上课的老师不能换皮肤，学校的教材没法插动图，呈现不出你最爱的界面效果。

有些时候，是本质使然。文学作品的价值，就在于用多则上万、少则几千个重复的符号，表达丰富的意象、生动的情节、耐人寻味的主题，来撼动我们的灵魂。

宽带把我们惯坏了，铺天盖地有趣又能杀时间的内容让我们变懒了。因为看到的有趣太多，所以再也忍受不了片刻的无聊。因为照自己口味搭配的快餐太可口太精致，所以我们再也不愿意从稍显粗糙的食材中汲取营养。

但常识告诉我们，快餐营养往往不太丰富，别人嚼过又粘起来的东西，吃多了难免恶心。

比如，有人跟我说，七十多集的电视剧，他一天半就能刷完，当时我就震惊了。感慨如何做到的还是其次，关键是这样"刷剧""冲剧"，甚至是"吞剧"，还有快乐吗？我猜如果这本书上现在有弹幕的话，肯定满屏都是"有哇，很快乐呀，为什么不快乐呀，这个人不但不快乐竟然还震惊，是不是有病啊"。

不知大家发现没有，现在很多做"五分钟聊电影""三分钟看大片"的短视频账号很受欢迎，俘获了大量粉丝。

平常大家不是都说，"剧透一时爽，一直剧透××场"吗？像三分钟五分钟聊大片这种，这不是可能剧透、轻微剧透、部分剧透的问题了，这是浑身上下都是剧透，剧透情节比较少的，根本没资格被投档，都按不及格重修打回考场了。为啥这么干没被骂惨，还有人转发点赞呢？

有同学非常热情地来指导我。

老师，喜欢倍速操作也是无可奈何，现在电视剧注水严重，别说快进两倍速，十倍速也不影响理解。有一次我看电视剧，第一集女主在洗澡，第六集她头发还没干呢，你说不快进这不耽误事吗？另外现在大家压力都这么大，工作节奏都这么快，哪有工夫慢条斯理地看完一整部作品哪，几分钟刷一刷，等车的时候翻一翻已经很不错了。网民在发生变化，市场供需关系才是老大。不好意思老师，我刚才语速有点快哈，这么解释您听懂了吗？

我说，谢谢指路，我也去体验一下这种风驰电掣的速度。一试之下竟然发现，这个感觉它……很下饭哪。

但用惯了这个倍速播放按钮，我发现自己的身体出现了一些变化。

第一，新闻广播那种语速已经受不了了，我觉得播音员应该送到口才训练营去培训一下，至少也得达到某善读绕口令的主持人的水平。

第二，剧情最好不要太绕，如果非得绕，也要刺激一些才好，一起爬个山哪，您看我还有没有机会呀；可以让我产生猜的冲动，但我绝不会有猜的行为，现实这么多烦恼，结局直给就好。

第三，无法忍受网课，尤其是那种无法快进的……要不是看在电脑是自己花钱买的分上，很可能一拳就把屏幕打穿了。

我越来越没有耐心。和别人聊天时总想猛晃他的脑袋，把信息一次性都倒出来；听专家报告时想抢夺他的电脑，拷走硬盘里的所有资料……

资本来到世间，每个毛孔都在说……来呀，快活呀。难题不会，扫一扫就有答案；有点小困，奶茶一杯精神百倍；馋了烦了，火锅撸串管饱管醉。

大家可能会问，你什么意思，我吃点喝点就想方便点还不对了？大家先别骂，听我慢慢道来。

便捷的信息化工具该用还是要用；奶茶该喝还是得喝，要不嗓子发干怎么唱歌；至于美食饮料，学习工作打拼已经很辛苦了，犒劳一下自己也是对的。

各种很对，但是，凡事无绝对。

小朋友正在学习独立解题，你说，来，拿这个"智能小火机"点一下，答案立马有。

吃了很多，喝了很多，肠胃喊饶了我吧，广告说，来口这个，助消化，不怕辣。

明明已经很困很累了，但有趣的东西好多呀，广告弹窗拼命召唤，来爽一把、开一局、玩一会儿吧……

技术的进步、物质的丰富让很多事、很多需求不用再等了，这肯定是好事。外界的宣传、广告的诱惑也在告诉你，一切都是生理需要，没什么不对的。但这些"真理"的背后是资本，资本只看盈利数字，从不会告诉你需要节制。

有时候，要能忍受无聊才能长时间不无聊，要能耐得无趣才能体会更多有趣，即时就能获得的，一般不太持久，需要长期挖掘探索的，才更有可能享用一生。

"残暴的欢愉，终将以残暴结局。"这只是一句台词，还是针对资本主义的谶语？咱不知道，可不敢乱说。但人总要对自己的选择负责，想不被命运裹挟，不但需要用脚走路，还要懂得用心思考。

你是在建人脉，还是在买人缘

我上课的时候，非常喜欢问一个问题：你们觉得上大学具体要做什么？

问题抛出后，教室里一片嘈杂。哪位同学愿意站起来讲一下？课堂突然变得非常安静。

其实大部分人都有表达欲望，只是人多的时候怕被质疑和否定，不太敢说。于是我生拉硬拖叫起来几个。

"老师，大学最重要的是学习。"这是个经常看新闻的学生，非常正能量。

"老师，我觉得全方位提升自己的素质和能力最重要，否则毕业没有用人单位要你。"这是个经常看财经频道节目的学生，懂投入和产出。

"老师……我想先找个对象，一室不扫何以扫天下，得先把个人欲求安置好。"这是个经常看《非诚勿扰》的学生，等老师改完你的卷子再根据情况为你亮灯。

其实还有一种回答，讲的人更多。

"老师，我觉得认识朋友很重要，同学是一笔宝贵的财富，大学生也要有人脉意识。"

有道理吗？当然有，但还不太准确。不单是学生，家长也很关注人脉问题。

曾经遇到过一个学生，出勤率极低，到不了报失踪的程度，但接近异地恋马上分手的水平。作业从来不交，期中考试也不参加。我无奈联系了他的家长。你们没有看错！大学老师也会找家长，特别是学生常年不上线的时候。

小明妈妈您好，关于孩子的几个问题还要和您沟通一下。

哦，你好你好，是不是该交学费了？还是他闯什么祸了？小孩子嘛，赔偿没问题的，老师你尽管说。

这倒没有。就是想问问他最近怎么没来上课，另外，考试他……

哎呀，这都是小事情，家里有点事，是我没让他去。课嘛，也不用都听，我们也不指望他凭毕业证找工作，家里有自己的生意，老师您包涵一下哈。

那……让他上学，还交这么多学费，是……

哦，书还是要读一下的，主要目的是让明明多认识一些和他一样优秀的朋友。

多认识朋友，还要一样优秀！

挂了电话后，我强迫自己冷静。大学生有人脉意识没错，家长觉得上学要多认识同学也没问题，甚至觉得这是比读书还重要的事也能讲得通，关键是怎么做。

有人通过参加组织求人脉。

班干部，我要竞选；学生会，我要参加；社团，积极行动；各种比赛，都要露脸。毕竟，当了班干部就代表得到全班认可；参加了学生会，通讯录就多了十几个部门类别；在社团里面可以围观各种牛人大咖；比赛多参加一下，说不定能把人生大事给解决了。这样浩浩荡荡一个学期走下来，微信好友都快上千了。

有人通过娱乐消遣交朋友。

通宵？走起。上线联一局？没问题。晚上出去撸串？绝对保证出席。周末旅游出行？你做攻略我现在就收拾行李。于是你的通讯录里多了网友、机友、酒友、"驴友"……

有人通过凑局吃饭攒关系。

我是赵"主席"的朋友，对对对，305宿舍舍务委员会主席，能否帮忙引荐一下钱"书记"？今天晚上有个场合，介绍一下肯定都认识，来参加吧！孙"部长"你好哇，有李"团长"的电话吗，我有事想找她帮忙。他们社会化程度太高，出门都带着名片夹，手机通讯录大部分人的信息都有头衔。

这些做法能积累人脉吗？未必不能，但我想讲个自己的例子。

读大学的时候，我也参加过学生会，我也当过班干部，我也认识过"好朋友"。但工作后我买房子需要借钱，救急的人是当年一次酒也没喝过的舍友。

在学校里，觉得脸熟就认识，知道名字就是朋友，存了电话就觉已有人脉……

对不起，这不是人脉，你只是在买人。

用精力买，耗时间买，花金钱买，买回来的，还是个通讯录，将来对方换了电话，还可能出错误。

什么才是人脉？人脉是一种对等关系。你有等量的资金、资源、能力，我绝不会从联系人里删掉你，因为你对我的生存发展有意义。

要么优势互补，要么强强联合，要么看中发展，要么叹服实力。你加牛人为好友不难，但让牛人加你当好友真的不简单，如果还能一直和你保持亲密关系，就更需要一直保持实力输出，高调展示存在价值和能力意义。

其实，上面那三种交际方式也没有错，起码形式正确，但如果在相关场景中只是在发现对方，没有注意展示自己，估计建立起的关系不会有太大意义。一定不要把建人脉搞成了单方加好友游戏。

有同学看到这里已经怒了。一会儿行，一会儿不行。一会儿正确，一会儿又不正确。这不是乱指挥吗？

大学交朋友很重要，首先肯定这一条。但想谋求社会那种人脉不现实，因为在校生还不是社会人，靠交换资源既显得太过功利，也没有这样的实力。

我的建议是这样的：

一是以情聚人。

我是班长，多为大家谋求福利；我是舍长，多为舍友付出一点；我是学生会成员，多给集体做点事情。感情上得到了大家的认可，心灵上捕获了众人的认同，祝贺你，虽然大学会散场，但你赢得的，是一生的朋友。

二是因事交友。

朋友分好多类，一起扛过枪，一起下过乡，一起同过窗，一起搞策划、做方案、建团队、整材料、归过档。但是，同窗未必拉近关系，并不是所有同学最后都成了铁哥们儿、亲姐们儿。为啥？他们组团上的是"假大学"，没在一起吃过苦、共过事。

你们可以试试，几个不太熟的人，一起策划一场班级联欢会，一起搞定综合测评计算，一起组织班级郊游，活干完了，你们比上下铺都熟。

三是助人招朋。

发展人脉的最高境界，是你不找人而人自来。当然，你得在其他场合把实力秀出去。

是PS高手，可以在朋友圈秀一下摄影后期水平；是程序大拿，不妨开发点小应用方便同学完成作业；是文艺明星，就在各种节目上添点噱头。当大家有类似的事情都愿意来找你帮忙时，你已经不需要"人脉"了，因为你是中心节点，四周近处都是资源。

老师你懂得真多，朋友一定不少吧。

那是自然。常年保持亲密关系，几乎如影随形的，就有两个。一个是键盘，一个是鼠标，常年帮我加工各类材料。

同学，那不是真牛，而是虚荣

加油！加油！加油！

这不是百米冲刺的现场，也不是拔河角力的赛点。

亢奋激动的观众身后，不是开阔的操场和错落有致的座席，而是昏黄迷乱的灯光和熙熙攘攘的吧台。这是一个普通的夏夜，对于这间围满了看客的酒吧，一切和往日也没有什么不同。

但对于站在舞台中央的王同学，所有的记忆将在这一刻定格。

快！快！快！

干！干！干！

王同学面对的，是三分钟喝光六杯鸡尾酒的挑战，每杯三百毫升，合计一点八升，折算成重量，是三斤六两。我们不知这种由伏特加、白兰地、朗姆、卡盾XO等七种酒混合而成的"特调鸡尾酒"酒精度是多少，但只看总量，也应猜出那早已超过了常人可以接受的程度。

但不停摇摆的追光灯已迷惑了这个年轻人的神志，人群在期待他的表现，同学盼着他完成任务免掉账单。这个来自大西北的大一新生，在喝完第五杯后已面色发白、开始干呕，但他还是返回台上，喝下了决定命运的第六杯。

监控视频里，他的脚开始不由自主地晃动，然后头一歪，重重倒了下去。从老家赶来的父母，再没能把他唤醒。

据公安机关出具的鉴定意见，王同学的死因是"急性酒精中毒"。他的年龄，永远停在了十九岁。

在父母和姐姐的眼里，王同学朴素、懂事，自己不舍得花钱却知道心疼家人；父亲让他报补习班，他说自己能学好没必要多掏钱；他从生活费里抠出钱来，给同样朴素的姐姐买香水；受当中小学老师的父亲影响，从小爱上了读书，喜欢写作，发表过大大小小十几篇作品，以高出当地文科一本线60多分的优异成绩，考入全国重点大学。

王同学留给父母的最后画面，却是在一片叫好声和白森森摇晃的手臂缝隙里，登台、微笑，然后一杯杯灌下暗棕色的液体。酒杯坠地，是一个家庭碎裂的声音。

对王同学的举动，网上已有不少评论，大学生该不该喝酒，该喝多少酒，该不该在校园里就开始对成人社会进行模仿……质疑、抨击、批判，满是套话的文章就像腔肠动物，看到开头，就可以猜到结尾。

我对新闻中这个年轻人的举动，却首先是理解，其次才是惋惜。他太需要证明自己了。

欠发达地区走出来的孩子，刚到发达省份的沿海城市，想要融入集体，想要证明自己的价值。学习已不是最锋利的武器，因为高考已把大家拉到了一个水平线上,王同学选择的,是你们觉得他可能不擅长的东西,他想证明一下,他也能行。

这个好强、上进的优秀年轻人,做出了最错误的人生选择。

很多人喝醉过,这并不是稀奇事,某种程度上讲,这种经历来得越早越好。我五岁的时候过生日,我妈给我买了一瓶红葡萄酒,她以为是果汁。后来——我吐了一盆。所以,从五岁我就知道自己不能喝,以后得好好学习,识字看标签。

外界给我们的期许,不单是敢做,更是有能力完成。有勇无谋,谓之愚;有谋无断,谓之乱。

尚未毕业和刚刚毕业的年轻人,能抑制住自己的是少数。我们更愿意做的,是展示自己的刚猛,显露自己的冲劲。领导让干我就干,兄弟不朝天我也朝天。酒桌上的行为,演化成了所谓忠、勇、义。

别人让你喝,你喝了,确实给了他面子,但在此之中,还隐含了另一层条件——请不要给我添麻烦。

如果你喝了,意味着他需要洗被你吐脏的衣服,需要把你拖回家,需要送你上医院……

我想他不会再关注你的杯子能否养鱼,是否已见底。关键是这个度,对方不知道;你的量,需要自己望。

人需要对自己有个管控和预判,远远看到了,就开始刹车,不能临近终点才开始制动,甚至踩油门。这不是老司机,一点也不值得吹牛皮。

第3章 年龄不是格局的障碍

其实,喝还是不喝,本来就不是一道选择题,喝什么、喝多少、怎么喝、喝几次、和谁喝、在哪儿喝,应该是道申论题,题目是——《喝好了吗?》

我们可以选择不长大,但总要学会如何举手投足。

我上初中的时候,班里有个"很成熟"的同学,也许是家境好,也许是发育早,也许是营养品吃得太饱,十二三的年纪,身高已经蹿到了一米七五,长得又高又壮,嘴唇上方还有一片黑乎乎的绒毛。

一天放学后,他在过道里拦住了当时只有一米四的我。我很紧张,不知他要做什么。他说,你站好,看着点。然后,一拳击碎了身旁的窗玻璃。虽然疼得龇牙咧嘴,但是表情却得意扬扬。

二十多年过去了,至今我还记得他的语调和声音——"你说,还有我不敢干的事吗?!"我面色惨白,但嘴上还是连连称赞,太牛了,太牛了,比游戏机里的关羽都猛!

在他尖锐放肆的怪笑声中,我迅速逃离了现场。

老同学,要是我写的东西你能看到,有句话想穿越回去送给你——请不要把鲁莽当成勇敢。

人是一种社会性动物,我们会自觉不自觉地避免被孤立,有意识或无意识地通过一些行为强化与群体的联系,增强他人对自己的认同感。大家都觉得你很强、你很牛时,这种认同会发展成喜爱,甚至培养出崇拜。是呀,谁不想活得闪闪发光,谁不想站在舞台中央,享受山呼海啸的呐喊、醉心灼热的目光。

人又是一种感性动物,当我们陷入一种情绪,产生某样冲动,被激发了某种反应时，原本虚无的归属与意义迅速升温，压倒实实在在的理智，让我们做出了最愚蠢的选择。

只有二两酒量的王同学，在欢呼声中豪饮六杯鸡尾酒，他期待的，是同学的赞美、看客的欣赏。或许调酒师调侃时所说的那句"你要能喝完，我就叫你酒神"，也在他做出选择时起到了作用。只可惜，他选的是条无法重来的不归路。

你看我头像牛不？

像。

这就是我们的自我感觉和社会印象的差异。你觉得自己牛到了天际，外界只是在看热闹；你觉得自己已经无敌，别人只觉得这次表演还好。你会觉得难以接受、不能理解，难道那些掌声、那些欢呼、那些喝彩都是假的？

信息时代，看客从没有减少，他们只是从街上、路上、广场上，移到了屏幕上、手机上、平板上，从在他人身后竭力踮起脚尖伸长脖子，变成了远程点赞和转发。

在流量为王的年代里，多少人上了有粉丝自己就牛的当。装疯卖傻、怪力乱神无所不用其极，今天你用电钻吃玉米，明天我用牙爆打火机。各种 App 视频里，只要能博人眼球，哪怕会头破血流。

鲁迅说得更加直白冷酷——"凡是愚弱的国民，即使体格如何健全，如何茁壮，也只能做毫无意义的示众的材料和看客，病死多少是不必以为不幸的。"

我一口气能吹三瓶，牛！

我开摩托没头盔最高飙到一百迈,牛!

我从不听课,作弊技术一流从没挂过科,牛!

以上行为真的很牛吗?也许是。因为"牛"作为一个比较级,在你提供的场景中确实有人不如你"牛"。

但——

第一个不如你"牛"的,有自知之明。

第一个不如你"牛"的,有安全意识。

第一个不如你"牛"的,有道德底线。

戳破虚荣的泡泡我很抱歉,但上面这些假牛人真的有些惹人厌。真的牛人不需要看客,他们需要忍受的,是高处不胜寒的孤独与寂寞。

掌声和鲜花还有,只是站位太高,其声音杳杳,已是欲听而不可得也。以他们的段位,也早已过了靠外界认可才能认识自己的年纪。

真牛的探寻是向内的;外指向的,只能叫虚荣和好大喜功。

时间与金钱的博弈

刚拿驾照那会儿,我开车非常谨慎,从不快抬离合,绝不猛轰油门,放在挡把上的手,像贴膜师傅一样温柔,上路后始终以一名模范驾驶员的标准严格要求自己,关注道路标识,认真领会交警手势,不能超车时绝不超车,能超车时保持低调放弃超车。正当我以为驾驶标兵俱乐部的大门已经向我敞开时,飙红的油耗无情地打在我的脸上,车开得很稳重,稳重的稳,贵重的重,油费太高了。

后来,我摒弃杂念,挡住油耗表不看它,快踩油门,流畅换挡,适度"放飞"自我后,油耗……竟然下来了。这时我才发现自己忘了一个关键的参照物——时间。

稳稳开车,慢速到达,虽然平均油耗低,但短途也不会太省,用的时间长,油耗自然高;稍快一些,尽快抵达,虽然提速的同时需要多踩油门,但节省了总时长,反而省油了。

时间才是唯一的答案。

人最富有的时期,不是有房有车有存款,而是在满足基本生存需要后,还有可以自主支配的时间。用这个标准衡量,最美好的时光似乎不是在中年功成名就时,而是在青涩的校园里。

家里的长辈,不喜欢用洗衣机,用手洗,为了省水;从不出门吃饭,自己做,因为省钱;馒头也尽量自己蒸,菜也尽量自己种,只为少花钱。这种观点,我过去非常认同,但现在已开始松动。或许是位置决定想法,现在收入比过去高了,也或许是学会多角度思考了,对比产生了进步。

这类貌似节约的行为不是省钱,而是浪费,因为省下的时间本可以产生更大的价值,即使是什么也不干,放松休闲,还能落个颐养天年。拥抱社会化大分工,找到最适合自己的职业,人类才会进步,像鲁滨孙一样全能不是不好,但那不是当下社会前进的方向。

我希望自己年轻的时候就有人告诉我,要舍得用钱换时间。

去某地,公交一元,但全程需要两小时;打车五十元,二十分钟送到。如果是重要的面试、难得的交流学习机会等错过就不会再有的经历,别心疼那些车费。

为了完成作业需要下载某软件,购买正版三十元。你说我用软件从来没有付费的习惯,用个工具还交钱?亲爱的朋友,如果是重要的工作,限期的任务,哪怕只是为了自己的心情,这三十元,值得。

我希望自己年轻的时候就有人告诉我,要舍得用钱换资源。

某同学,选择考研,学习刻苦、智商够用、计划周详、亲友帮扶,最后出成绩:英语80+,政治80+,专业课——不及格。落榜。

前期有机会弥补吗,或许有!考前所报学校有专门针对跨专业同学的辅导班,迅速厘清知识结构,他舍不得这个钱,觉得还是自己学吧。然后，就是这一方面的决定直接影响了他的成绩。

我希望自己年轻的时候就有人告诉我，要舍得用钱换经历。

曾经单位外派，出国学习一年，但是要自费。去了不一定有收获，不去一定可以省下钱，还是让贤吧。同事也没钱，贷款二十万出去学习。酸甜苦辣尝尽，人生阅历装满。你问我同事现在怎么样？哦，也没怎么样，他是我领导，现在挺照顾我的。

我希望自己年轻的时候就有人告诉我，要舍得投入交朋友。

我希望自己年轻的时候就有人告诉我，要舍得用钱学知识。

我希望自己年轻的时候就有人告诉我，要舍得投入养身体。

我希望自己年轻的时候就有人告诉我，要……

不是在聊时间吗？怎么谈的全是钱？

这样用钱，这样调度各种资源，才能省下时间，才能让人生获得最大延展。

世界这么大，我想去看看。只要有时间和金钱，一定能买到票的。

备注：请注意以上所有假设与建议均要与个人实际收入水平相匹配，在"够得着"的范围内求最好，以优化资源配置，而不是超出个人经济能力去打肿脸充胖子。

双赢的课堂什么样

很多老师都遇到过这样的场景：

第一排这几个同学一直听课很认真，真是不错，应该查查他们都叫什么名字，考试时多加点平时表现分。下课后……完了，忘查了，长什么样……也忘了。希望他们下节课还坐第一排。

唉，第一排怎么又空了，第二排也没几个人，我又不是病毒，长得丑也不传染，有必要躲这么远吗？

唉，第二排竟然也空了，第三排也没幸免于难，学着学着就成了远程教学，再这么空下去岂不成了网络教学，难道我得开个直播间"喊麦"吗？

开始上课十分钟后，有些人的头已经低下去了。理智告诉我，他们肯定不是在记笔记，最大的可能是在看手机，其次可能是困，再次可能是剪指甲，再再次可能是看小说，再再再次可能是背单词……反正肯定是走神了，教师掌控全场的时候到了。你！站起来，刚才笑得那么开心，双杀还是五杀，和大家分享一下。

50%的学生低头了，10%的学生开始聊天了，5%的学生睡着了，

"最是人间留不住，朱颜辞镜花辞树"，我的课已经没有吸引力了，我的心中一片凄苦。

不，我要振作，我要奋发，我要给自己点赞，重新把课程点亮，把学生的注意力拉回来！对，就这么干！

上课时灵感爆发顺口编出一个好例子，学生不但听了，而且笑了；不但笑了，而且懂了。一定记下来，千万不能忘！以后就指望它上课了。下课后……我上课时讲的啥来着？

哎，刚才讲的那个例子，总结一下是个很好的论文选题呀，嗯嗯嗯，灵感稍纵即逝，今晚抓紧把纲要列出来。下课后……还是先把明天的课备完吧。

同学们，今天我们要学习的专题是……什么味这么香，是鸡蛋灌饼，是煎饼馃子，是舌尖的诱惑，还是灵魂的吸引？同学你别吃这么快，噎着很危险的，快喝点水。

咔嗒、咔嗒，这是灵活的指甲钳在工作，还是勤劳的门牙在叩问葵花子？吃东西可以忍，剪指甲嗑瓜子不可忍！你们知道这是什么行为吗？这是扰乱教学秩序！嗒嗒嗒地总在响，把睡着的同学吵醒了怎么办？把绣十字绣的同学干扰走神儿绣错了怎么办？后排聊天的同学要是被口水呛着怎么办？你责任大了知道吗！

今天人来得怎么这么少？是不是应该点点名？同学们，你们说我应该点名吗？觉得不该点的举手！似乎支持不点名的都没有来！好吧，一班的举手，二班的举手，三班的举手。嗯，都有代表到了，那我们开始上课。

今天人来得怎么这么多？学生会点名？有领导听课？学院学风督查？什么？都不是？老师，我们上节课是体育，就在教学楼旁边的操场跑了三千米，大家实在没力气回宿舍了……

这个班听课真专注，不愧是高分实验班，希望你们能把这种精神一直保持下去，有这种专注的精神，将来无论做什么，都能取得不俗的成绩！老师，我是班长，您今天开心吗？开心哪，非常开心！那太好了，听说今天是您的生日，这是全班送给您的生日礼物——"专注听讲卡"一张！

同学们，今天是我们最后一节课了，一个学期过得真快，还记得第一周上课时大家精神饱满，教室里座无虚席，转眼到了结课周，虽然来的人还不足一半，但从同学们的脸上，我还是能够看到大家对知识的诉求和对高分的渴望，请大家放心，我们是绝对不会画重点的！人亏天不亏，高分轮转回，不信抬头看，挂科饶过谁。祝大家考试开心。

没有任何老师，希望自己的课堂无人听讲；也没有任何学生，来到教室做的是一字不听的打算；课堂本质是一种互动关系，在师生共同的努力下，才能收获和谐完美的状态。

希望大家看到上文的吐槽，理解老师们的心情和期盼，未来在课堂上，紧盯黑板"神目如电"，把握细节"锱铢必较"，勤问老师"招架不住"，整个课堂"水乳交融"！

为什么教师是世界上最好的职业

我一直认为,教师是这个世界上最好的职业。他们的工作是围绕着"心灵智慧的成长、理性思维的培养、精神世界的充盈、理想信念的坚定"开展的,不但类型很高端,而且过程很充实。

每个人都有表达的欲望,常人难以做到的,是安静地聆听和适时的沉默,再内向的人,在一定的场景和氛围中,也会难以自抑地滔滔不绝。而为了让自己说得更兴奋、表达得更充分,听众的配合显得尤为重要。

日常交谈中,我们并不能左右对方的注意力,他走神儿了,你只能靠提高音量再获关注,即便对方转身走了,你也只能叹口气。即使是以说为职业的人,比如主持人、相声演员,观众不鼓掌,听众喝倒彩,话筒后的人也只能自己圆场,断然无法把责任推到听者身上,更不敢对自己的衣食父母稍有微词。

然而说话人的角色一旦换成教师,形势便立刻不同了,说者与听者的关系变得有趣起来。

说者有责任必须说,听者则有义务必须听,若是不听,可以批评你，还不听，请起立，再不听，请出去。上课吃东西，这是把学业当儿戏；听讲织毛衣，谁帮你记笔记？那些嗑瓜子的，考虑过老师唾液腺的感受吗？一上课就打盹儿的，是手机忘带了，还是流量不够了？不比那些刷屏的，连戴着耳机的同学，眼神儿都比你们专注。

在师生这种关系下，在教室这一场景中，说话的人不再是单独地表演节目、展示个人才华，听话的人也不再是纯粹地享受演出过程、品味付费产品，教师要负起言传身教的责任，学生要提起求知若渴的精神，职业要求教师传道授业解惑，人生阅历要求学生有惑但寻名师甚解。

由此，教师是最不必发愁表达的欲望无从释放的群体，职业的特点让我们不但天天有机会说，而且还随时有"指定"听众必须专注、必须回应的特权。有此一方属于自己的三尺舞台，我方唱罢，还是我继续登场，还有专门节日收鲜花贺卡和鼓掌，确实是不亦快哉。

但是，教师不能因为自己有"指挥"听众的特权，就只顾自说自话，而不求学生吸收理解。

讲话易，讲人人爱听的话难；当老师易，当受欢迎的好老师难。

学生在听，但不一定听进去。知识点穿耳而过，在课堂里回响游走，但要想和珍馐美馔一样沁心、挂脾、入髓，讲课的人不在大脑里多炼几本书，趣味浓度提不上去，怕是很难在学生身上留下长期印记。

信息时代，知识爆炸，热点多，更新快。手机和互联网已经把我们所有的碎片化时间占满，现在不单是学生，所有人都在把整块的时间切碎，以填补查看各类趣事和精力不够带来的欲求不满。

五十分钟一节课的时长是科学的，是符合成年人专注力能保持一小时左右的认知规律的，但这一心理科学经验是在大屏、互联网、智能手机普及前发现的。自从我们的手指习惯了上下五厘米来回滑，眼珠子爱上了上下左右几十平方厘米来回滚，各类软件把我们的脑子刷得只能保持五分钟专注了。不管是多么劲爆的头条、多么狗血的剧情，时间一到，回收站报道。不是我们不爱你，实在是后面排队的"奇葩"还老长哩。

这种形势下，要在课堂上把学生从那一片片小光源前拉回来，比给婴儿断奶还难。生拉解决不了问题，硬拽容易反伤自己。难寻方案的困难，最易陷入僵局。本来就枯燥难求共鸣的课程，更易在发光求点赞的信息源前沦为一座孤城。

我们还是相信，吃货入席不啰唆，办法总比困难多。当老师的，总能琢磨琢磨，怎样让自己的课代入感更强一点、互动性更足一点、趣味性更多一点，努力为知识"化妆美颜"。做学生的，也要有自省意识，学习可以有趣，也可获得成就感，但终归有异于娱乐。要是坚信可以"玩着学"，真的就只能"学着玩"。该下苦功的时候，要舍得投入；该自觉自律的时候，要壮士断"网"。老师由"要我教"到"我要教"，学生从"要我学"到"我要学"，这样的课堂，才会"金风玉露一相逢"，便忽略课间无数，收获必是久长时，得益在朝朝暮暮。

教师是个好职业，这份"好"，这份"成就感"，不应只体现在教师自我表达欲望的满足上。"赠人玫瑰，手有余香"，看到学生的成就才是教师获得幸福感的最终途径。学生的成长是教师幸福感的重要来源。唯有教师说得好，学生听得好，将来发展好、感觉好，才能不辜负一双双年轻眼眸的期许，才能不错对一段段青春的过往。

一名老师的职业修养

我不太会唱歌,甚至可以说是五音不全,改名叫岳盲其实挺合适的,既不用更改姓氏,还道出了此人亟待乐理知识滋养的实质。我唱《两只老虎》,心里默念的都是"一二三一,一二三一,三四五",你敢信吗?

我也不怎么爱运动,篮球足球排球台球乒乓球玻璃弹球,我都懂——不可能,唯一能够每天坚持的,就是站起来走两步,微信里我定了个小目标,每天走够一万步。一晃六年过去了,目标完成过两次,一次是出差在外拉肚子,频次高;还有一次,是车坏在路上了,传动系统故障,叫了救援,结果人家没来,后来我把坏的脚蹬子卸了,才把车推回了家。

我也不怎么善社交,别人一和我说话,我就紧张,脑海里浮现出好多问题,我到底是谁,他要干吗,我怎么才能满足他。能憋出的正确答案太少,怎么回复对方似乎都高兴不了,后来,我就一律保持微笑,频率太高,尺度太大,以至于我现在牙龈都萎缩了。

一个唱歌跑调、走路跑偏、情商不在线的人,是怎么坚强地活到今天的？我是怎么忍受各种冷嘲热讽，各种不受待见，各种被排除在多类朋友圈之外的？

难道你就没点自尊心？一个人自由发挥好多年，是什么支撑你鹤发童颜不用抹护肤乳，还保住了基本的脸面？

特长再少的人，也有办法找到自己安身立命的本钱，吃龙虾困难，但日常加个茶叶蛋，榨菜配个方便面还是可以实现的，在以上奢侈品方面，我们还是比台湾地区某些政客，要豪迈和任性一点的。

轻视我什么都可以，但请不要质疑我的教学能力，这就是我的底线。我是学师范的，你不知道我们师范生都受过什么样的专业训练：教育学、心理学、教育心理学、粉笔字、毛笔字，有平面的地方，就要能上去写字。基础课、专业课、选修课——但其实不选就毕不了业的课，从周一排到周日。小组实习、学期实习、毕业实习，不是操纵机器，不是财务管理，而是只要有高出地面超过三十厘米的台子，你都要有能力上去讲两句。

从教十几年，你不知道我给多少类型的群体上过课。

我给幼儿园的小朋友讲过，给小学生讲过，给初中生高中生讲过，给大学生讲过，给研究生讲过，给社会人讲过（我说的是毕业后进入社会的成年人）；给中国人讲过，给外国人讲过；给学校讲过，给企业讲过，给机关讲过，给社团讲过；上过八千人的大课，也驾驭过只有两个学生的讲座。

工作需求经常变，你不知道我都上过多少门课——我上过"小学语文""初中语文""高中语文""高考作文""高考百日练提分"

"大学心理健康教育""团体心理辅导""大学职业生涯规划""初级汉语听力""高级汉语口语""标准汉语""精品电影赏析""军事理论""信息化战争""新概念武器""中国军事思想史""中国武装力量""教育学原理""管理心理学""社会心理学""如何制作高质量的课件""中美贸易摩擦""故宫与文化自信""中国的'一带一路'""科技革命与大国兴衰""大学生实用脱单指南""常见网络故障排除实战""优秀学生干部的二十项修炼""如何让孩子爱上读书""如何与年轻人有效沟通"……给我一本书,再给我十小时和一间空屋,时间过完,我就能讲给你听,或者……讲不了撕给你看。

当老师的似乎对自己的职业都有一种执念,学高为师,身正为范,随时随地准备教学,睡觉都不忘"监控"躺姿不要跑偏。

我们大学同学毕业聚会时,80%以上的同学都是一身黑色——黑T恤、黑裤子、黑皮鞋,晚上回酒店,脱了皮鞋是黑袜子,脱了裤子是黑裤衩。一身黑是为了显瘦,显年轻,还是显得更彪悍?经过集中研讨和多次判断,终于得出了结论,大家都是当老师的,日常工作最需要的就是黑板,干干净净的纯黑是让大家安静的上佳之选。所以你看,不是世界因我而变,而是岗位在帮我们修炼。

当年读师范时,我们一个月有三十多块的生活补贴,现在国家有免费的师范生计划。无论是过去,还是当下,尊师重教的传统没有变,社会对"有理想信念,有道德情操,有扎实学识,有仁爱之心"的好老师的需求没有变,教育"立德树人"的根本任务没有变。

职业,要求授课人对得起今天的工资和当年受到的专业训练。

事业，要求从教者对得起自己的良心和学生的成长发展。

  教育不是灌输，而是点燃火焰。教育是一棵树摇动另一棵树，一朵云推动另一朵云，一个灵魂唤醒另一个灵魂。

  当我想晚点下课，再多讲一题时，请求同学们先不要着急离开自己的位子。我真的没有别的意思。你们在校园的时间太短，让老师们，再多看你们一眼。

第4章
发光前先发热

在微光成为炬火前

单词书我最熟abandon[1]

每到英语四、六级考试季,总有人说,这次考试我过了——把瘾。还有人表示,本次考试十分简单,但剩下的七百分,是真心不会了。好多过来人讲,试卷印刷清晰,知识点覆盖全面,监考老师服务到位,全五星好评,下次还会来的。

其实参加四、六级考试就像逛服装店,一年两次,每次都有新感觉。

你问我发挥得怎么样,我觉得还是相当可以的。

听力语速挺快的,但我凭多年听R&B[2]的经验,按节奏把答案都选上了。单词感觉也都不陌生,在外国电影大片字幕里都见过,要是卷子上也印中、英双语就好了,这样才符合我过去的认知习惯。

写作文也比较顺利,当年上小学一年级的时候,老师就告诉过我们,不会写的字,用拼音就可以了,一般不会扣分的。

阅读理解什么的就更简单了,正文扫一眼就行,不扫也可以直

---

[1] 很多四级单词手册第一页的第一个词,意为放弃。编者注。
[2] rhythm and blues(节奏布鲁斯)的简称。

接做题。"三长一短就选短，三短一长就选长，两长两短就选B，参差不齐C无敌"，这个口诀大家都知道吧？啥，不知道。学习怎么这么不用心呢，"技巧"都记不住怎么解题？

翻译我就不说了，我打字一分钟能敲两百个，汉字转换拼音快到飞起。

对了，还有口语，不是我不想考，报名处的老师说我这种水平就不用浪费钱了，这个证书对于我没意义。其实我也这么想，人还是要自信一点，何必非要借助外力证明自己呢？只要自己有那种很兴奋的感觉就完全可以了。

是不是觉得作为一名特别爱国的年轻人，总受外国语言的折磨非常没面子？

放眼周边看一看，其实我们既不孤单，也不可怜，老外们被汉语折磨起来，那才叫一个生不如死。

老外来中国学汉语，衡量标准是HSK考试成绩，你猜HSK是啥英语单词的缩写？别猜了，吃小学语文老本的时候到了。H=hanyu（汉语），S=shuiping（水平），K=kaoshi（考试）。汉语水平考试（简称HSK）是为测试母语非汉语者（包括外国人、华侨和中国少数民族考生）的汉语水平而设立的一项国际汉语能力标准化考试。

啥？能给老外出汉语题。多年的媳妇熬成婆，这么重要的时刻终于让我等到了。

来来来，让我考考你，看看你的普通话基本功扎不扎实。

请听题。冬天，能穿多少穿多少；夏天，能穿多少穿多少。

问:"多少"到底是多还是少?

请继续听题。某女给男友打电话:我已经出家门了,你快出来往地铁站走。如果你到了,我还没到,你就等着吧。如果我到了,你还没到,你就等着吧。

问:说话的女士的男朋友到底需要等什么?

请再听对话场景题。客服小姐:请问您要几等座?小明:你们一共有几等?客服小姐:特等,一等,二等,等等,二等要多等一等。小明:我看下,等一等。客服小姐:别等了,再等一等也没了。小明:那就不等了,就这个吧。

问:小明最后买了几等座?

在你后悔没生在中国天生就会说汉语之前再听我一题:"你的牙真好看!""哦,那是假的。""啊,真的假的?""真的。"

问:牙到底是真的还是假的?

有人说,萝卜青菜各有所爱,大家自说自话、井水不犯河水何必互相伤害?汉语确实不好学,但也没见人家老外天天自我折磨,为啥咱们就非得天天"自虐"?

中国是人口大国,汉语是使用人口最多的语言,但在信息时代,汉语却不是信息承载量最大的语言。

魏源在《海国图志》中讲:"师夷长技以制夷。"这句名言后来被洋务派进一步发展为"师夷长技以自强",放到今天,用在当下,依然没有问题。

听不懂就无法理解,读不懂就无法领会,不会说就不能沟通,不会写就不能表达，在一门已长期处于优势地位的语言面前，打民族主义的旗号不是爱国，而是畏战。

某大学生捡到一盏神灯，灯神对他说：I will meet you a wish。大学生没听懂，说，你能讲中文吗？灯神回答，好的，您的愿望已实现，再见。

学不好英语，有时候真的是会吃亏的。语言不是一门知识，而是一件工具。你以为在国内工作，专业也和英语无关，不学这门知识就无所谓？

我的爱好是写作，也曾有过走职业化路线的愿望，但上网搜一下针对专业写作人员的招聘简章，提出的条件大多都是这样的：会说人话，能将枯燥复杂的信息、术语转换为普通人能理解的知识；英语过关，无障碍阅读英文报道、文献；搜索能力强，筛选信息能力强，能从互联网茫茫信息中找到最靠谱、最合适、最吸引人的资料。

第一条我自认可以做到，第二条一句"无障碍阅读"让我一声惨叫，再到第三条"筛选资料"，好多资料网站是英文的，招聘专家当然知道"适才而用"的道理。

学习不积极，谋生不容易，不过四、六级，找不到选题。努力学习英语有两个最好的时机，第一是四、六级没过之前，第二是四、六级通过以后。

时不我待，我先去背单词，相信我，这次进度肯定超过"abandon"那一页。

我熬的不是夜，是自由

某日乱翻我容量为3T的复式豪华大硬盘，偶然看到一段五年前拍的视频，画面中，那时我的脸像剥了壳的鸡蛋，只不过是放了几天的。

画面转向今日镜中，虽然自己还是那么年轻，但主要已是靠死不认账强撑。虽然我们都在喊生活天天向上，但人到中年，生命体质是个日渐下行的过程。

毛发由黑转白是个很好的提醒和征兆，先是头部，再是胡须，等到全白，别说天天做头发，就算往身体上抹香油、撒芝麻，伪装成刚出炉的大烧饼，也没人愿意买单了。

每年过生日，我都会默默许个心愿，让头发少白一些，让偶有近视的小朋友，还能叫我一声哥哥。支撑心愿实现的，是早睡的目标。

可惜项目还没上马，"马"就跑了，目标彻底覆灭。12点前入睡的日子，屈指可数。熬夜成仙还是其次，鹤发"龟颜"也是自己找的，关键是晚上觉得挺高兴，第二天醒了又后悔到不行。

躯体的折磨能够忍受，心灵的罪恶感反而难挨。难道我就不能心安理得、正大光明地熬夜吗？

刘慈欣写过一句话："有了孩子，生活的列车瞬间从绿皮换成了高铁，开始一路疾奔。"

没娃以前，我觉得这句话只是在表达光阴似箭、日月如梭，有娃以后，才有新的感受，或许他更想表达的是时间不够用，有好多事情想做没来得及做，乘务员已经开始广播，终点站到了，请快点下车。

有一个娃时，在车上只是没有时间看书、看电影、听音乐，少了一些休闲娱乐。有了两个娃，吃饭、如厕都得排档期，这一点都不夸张。只有娃都睡了，自己的人生才能在疲惫中真正就位。

不管是期待娃睡后的片刻安闲，还是繁重学业之余的娱乐时间，抑或是无休止加班间隙中的一声喟叹，在某种意义上讲，熬夜的本质不是自我摧残，而是向往新生。

你熬的不是夜，而是自由。

只有在任务以外的时间，外界对你的"索取"才能少一点。忙工作、忙家庭、忙事业，只要太阳还挂在天上，自己这辆车就只能靠边停。

所以，当夜晚降临，当喧嚣转为安静，我才觉得人生重新属于了自己。真的不是不想睡，而是再苦再累也舍不得盖被。还没开始享受，一天就结束了，做人和咸鱼有什么区别？

我太理解这种感受了，但我更想对你说的是，怎么熬得科学一点，以便长命百岁熬更多的夜，才是更有价值的问题。

四十六岁的萨拉·查默斯（Sarah Chalmers）女士参加了伦敦某睡眠学校的试验，在两个连续五天的时间里，分别睡眠八小时和六小时，拍照对比后，差别非常明显。缺觉让她皮质醇分泌增加，肤色变暗，眼袋变大，出现明显的黑眼圈，简而言之一句话，睡得少会变丑。

那怎么办？以后乖乖上床？我要是胆子这么小，就不用看这篇文章了。

这个实验给我们的启示很简单——熬夜不要超过五天。不是的，我只想说当你为了完成任务不得不熬，自律性太差，上网就不想下时，记住，不要连续作战，给身体一些修复的时间。

还有几招也分享一下，或可降低伤害值，进而减轻负罪感：

定个熬夜的小目标，你没听错，现在熬夜也看绩效，看一部电影就睡，或到某个固定时间就闭眼，而不是漫无边际，越飘越远。

管住自己的嘴，一边猛熬，一边狂吃大嚼，这已经超出寻求自由度了，这是上了路标"胃病"的高速，实在饿得受不了，可以喝点热牛奶。

注意保暖！即使是夏天。特别是腿部！夜凉如水，盖点东西吧，保护关节很重要。

尽可能隔一小时就起来活动一下，如果实在记不住，可以多喝水（不要喝浓茶、咖啡、功能饮料），膀胱自动会督促你起来。如果实在不愿意走动，也请注意休息眼睛，短暂闭几分钟，活动一下眼球。

如果不得不熬夜,第二天还要早起,起床后洗个热水澡是个恢复精力的好主意。说到底,能不熬还是别熬。

稍微悠着点,肉身没法备份,不小心用坏了,灵魂就得归位。

手机刷爆预警

鲁迅的话在中学语文课本上写着:"在我的后园,可以看见墙外有两株树,一株是枣树,还有一株也是枣树。"这段话总被当作阅读理解的题目使用,标准答案写着,这显示了作者愁苦烦闷的心情。后来网友开始演绎:我有两个朋友,一个是手机,另一个,也是手机。我想这反映了人们无聊时,一边玩游戏一边看视频后精疲力竭的情景。

对一些人来说,激情是奢侈品,烦闷是稀缺品,至于无聊,则是常态。我们总在无聊,而且可以迅速有效地打发无聊,随后再陷入新的无聊。

对无聊的人,手机就是香烟,各种碎片化的内容就是抑制烦躁的尼古丁。抽烟还有个量,但手机屏幕一旦被点亮,是吃饭时刷,如厕时刷,坐着刷,站着刷,躺着更能刷,当真是废寝忘食。

生活已经不是碎片化的问题了,时间已经成了一堆粉末。当手机里有两百多个软件时,打开这个耗时五分钟,浏览那个花费三十秒。有时面对满屏幕的花花绿绿,我像是个疲惫的学生对着上百门专业课，满心无力，却只想发脾气。

我也算是个喜欢看书的人，但我不是喜欢某一类书或某种情节和人物，甚至并不在意收获信息量的大小。最让我满足的，是完全沉浸在某本书里，后又突然抽离出来，返回现实世界时的感觉。脑子还在书里，身体走在路上，柔和的春风掠过思绪，扫过面庞，让我感觉什么都不存在了一样，爽！

我曾以为刷手机也能刷出这种感觉，扫一眼段子，看一会儿漫画，听几首歌曲，聊两句八卦，我在朋友圈练嗓，他在微博上听响儿，古时候皇帝的生活也没这么丰富吧？事实证明，这种生活确实过得比皇帝还丰富，但蜕变成昏君（或废人）的速度也快了不少。大脑总在不停地切换主题，看起来是多核多线程，七八个项目同时开工，实则徒劳无功，一个都没有用。

目前教师上课的头号"敌人"，不是逃课缺勤，而是学生手里的手机。这些大屏、智能、联网的吸睛怪兽，一丝丝抽走了学生的全部热情。上课讲到兴起，全方位感动了自己，马上就要获得高峰体验了，抬眼看看学生，发现他们都在低着头对着桌洞傻笑，心情瞬间滑落谷底，高峰体验烟消云散。

知道为什么麻辣小龙虾能够称霸夜场社交圈吗？因为剥虾得用手，没法玩手机，只能聊天解闷。

有时我会想，如果晚上上课，教室突然停电，同学们都会高举点亮的手机，着急地互相张望，那真是演唱会现场的即视感。

看着这些年轻人如此沉沦，有人开始感慨，还是该回到功能机大行其道的"田园"时代，体会纯粹的付出和持久的真爱。他们把感想写成文字，发到朋友圈，号召大家点赞后放下手机，立地断网……

即使手机再干扰教学，我也不赞成大学里禁止带手机进课堂，至于课前交给老师，更是让我迷惘。人和人之间，难道连基本的信任都没有了吗？因可能沉迷而彻底废止，因会有危害就先行砸坏，肯定是因噎废食，属不合理也不可取的做法。小朋友乱跑乱跳可能会受伤，要不就先把他捆起来吧，这无疑是强盗逻辑。

放松过了头，就会变成放纵。因为过去有限制，所以需要上网时才会联网；因为现在太便利，所以百无聊赖也不下线。移动互联网彻底解放了人类天性，蹲在马桶上，我们看段子乐得哈哈笑，不幸得了痔疮；坐在餐椅上，我们刷剧开心得嗷嗷叫，结果越吃越胖。

所以，关于如何正确使用手机，我有以下几条建议想讲。**第一条建议是：尽量在需要的时候再联网，有主题地阅读。**

过去坐长途火车，基本就是限时禁闭，狭窄空间内人挤人、脸贴脸，你不洗脚，我就觉得晕眩。所以车厢内喝酒的、吃肉的、打牌的、吹牛的，一片欣欣向荣，因为无聊，能干的事太少。现在的车厢，有电源插座，噪音低于三十分贝，再提供 Wi-Fi，可以达到录音棚的静音标准，只要不断网，不让呼吸都行。

坐车、等人、候餐，这些过去几乎无法利用的时间，因手机的存在，而变得有价值了。但要是想整个上午用来上自习，整晚做个小课题，可拿起手机，计划毁了一半，连上 Wi-Fi，计划彻底毁了。这是在把能做大梁的木料，剁碎当牙签用。

类似的问题还有：微信里关注了一堆公众号，看这篇有道理，看那篇想转发，一看两三个小时，再转眼珠子都发麻，脑子里什么都没留下。建议将公众号或其他各类媒体做个分类，限制自己某个时间段只看某类文章，比如这个小时就看学习方法的公众号，另外一个时间段只看漫画类公众号，晚上睡觉前专门看故事。虽然思维也是跳来切去，但好歹在一个小圈子里，知识相互联系，易建立结构化的关联。

第二条建议是：用手机化零为整而非化整为零，练习深度阅读。

站着说话不腰疼，看别人养娃最轻松。你怎么不降低需求，你怎么不化零为整。你知道控制自己的欲望有多难吗？

知乎在建立初期，在分享专业领域的经验方面树立了良好的标杆。提问人情真，回答者意切。真是条条论据有出处，句句回答不跑偏。所谓深度阅读，是指在一篇文章内，把一个问题看明白、搞清楚、真弄懂，当然，这对文章本身的质量要求非常高。其实这种文章或书籍大家都见过，你书包里的教材就是。一定别轻视他们，想掌握一门技术，想搞通一科知识，认真研读教材，仍是最简单、最可取的方式。

第三条建议是：需保持专注的场景中另备一台功能机，检索阅读。

什么时候上网最专注？或许是检索资源的时候。你的底层欲望驱使你搜、查、挖、求，直到找到想要的东西。学习时也是一样，基于问题的学习永远是最有效率的。在无聊的时候，你可以给自己拟定一个关键词，可以不着边际，可以脑洞大开，甚至可以生僻无意义，我们就是要看看，在某个狭窄的领域内，是否还有自己不太了解的冷知识，一番狂轰滥炸的恶补后，起码不会空虚。

再送一个大招，从根本上解决手机太浪费时间这个老大难问题——哪个软件好玩就卸载哪个软件。

大禹靠堵治不了水，搭平台搞建设规范化管理，把水资源搞成水电站才是王道。退不回没流量无 Wi-Fi 的"田园"时代，戒不了网，拒绝不了碎片化，做点简单的管理，也可以做更好的自己。

其实最好的方法，还是有空写两句。光输入不输出永远不知道有没有存货，挤两个字不为炫耀吹出的泡泡多美丽，只为了解自己是条多大的牙膏皮。

平时多留意，积累在点滴。人生闪光的时刻需要你日常就多储备琢磨。

怎样设立可以实现的小目标

作为一名积极乐观、一步一个脚印,但不保证是往前走的靠谱青年,我2023年的目标就是搞定2022年那些原定于2021年完成的安排,不为别的,只为兑现我2019年时要完成2018年度计划的诺言——绝不荒废生命的每一天!

看完上面这段话,很多同学表示,这到底是谁写的,为什么和我心里想的一模一样?即便你真的清醒了一点,把新一年的计划改得面目全非,标准降低了不止一星半点,如果没用对策略,来年还是会无法实现。

为啥别人的计划全都完成得很好,你的计划只能作废另设?至少有四个任务维度需要调整。

第一,目标太模糊。

请自行对比下列目标的清晰度:

我要当学霸 VS 我要把平均分提高到85分

我要脱单 VS 我要和班里最有才华的三个女生每人说

不少于十句话

　　我要过四级 VS 每周做三套四级模拟题

　　我要考研 VS 报辅导班按课表上课

对比后可以发现，当学霸、脱单、过四级、考研等，与其说是目标计划，不如说是一种想法。要把梦想照进现实，你得先把它从天上打下来，然后褪毛去皮，花椒大料，遵循章法，才有可能品味它的美好。

第二，执行难度量。

我要考研！这几个字今天讲、明天喊，但喊上一百年，估计还是难实现。你没有给自己设定可操作、有流程、可用事件串联的具体方案，无法度量就无法评价，无法评价就没有成绩，没有成绩按我们教学的术语就是需要重修。

第三，无时间节点。

你说，我要变成肌肉男，请问是今年、明年、在校期间，还是退休以前？你说，我要成为一个有为青年，暂不吐槽"有为"有的是哪种"为"，请问您计划在多大之前实现？实现时如果已经人到中年了怎么办？

第四，超个人能力。

俗话说，没有金刚钻，别揽瓷器活。信息时代，变化多，压力大，有金刚钻都不敢乱揽瓷器活，必须要科学评估，量身定制。

过去我们说，定个跳一跳够得着的目标就好，现在我建议，跳也不要跳，你就定一个毫不费力就能完成的小目标，比如每天看三页书，睡觉前背五个单词。

当下这个社会拼的不是刚猛，而是执着，只要能坚持下来，假以时日必有收获。为保证计划能够落实到位，我再提供几个温馨小贴士，供各位节省光阴，提升自己。

第一，计划清晰到数字。

背单词、看书、上自习、做作业，这种模糊的用语是极端不专业的表现，是绝对不允许出现的，就算是恋爱休闲，也要用数字体现，比如每天为女友送饭三次，一起上自习不少于一百分钟。

需要特别注意的是，数字应包含三个层次：一是单量，二是频率，三是总长。少了任何一个维度，都会增加失败的可能。

比如定目标每天背单词十五个，坚持一年。拆解开来，单量是十五，频率是每天，总长是一年。更有魄力和胆量的人士，会用效果代替总长，比如，每天坚持学习三小时，直到通过研究生入学考试为止。

第二，用记录保证执行。

找个本子记下来，找一面墙记下来，找个网站记下来。最终效果需要长期等待的时候，人很容易懈怠，此时，把每天的努力记录下来，可以给人很大的稳定感和成就感，这很像游戏里的勋章系统和进度条，可以清楚地看见自己，为继续前行提供动力。

第三，避免完美主义。

很多人有制订计划的魄力，也有迈出第一步的勇气，甚至也不缺坚持下去的毅力，但最后击败他们的，不是心力、体力、精力的不足，而是偶有突发状况，打断了计划的序列。

坚持了三十天，第三十一天家里停电，没练成，完了，金身已破，第三十二天再也不想接着做。你走得太远，已经忘记了为什么出发。安全生产多少天的目标不是天数，而是安全。

不要让虚无的完美主义强迫症，扰乱了自己目标的实现。

第四，设置奖惩机制。

完成了一定的任务，给自己点好处；没有完成，要有惩罚。如果奖惩可以由第三方执行，效果更佳。

如果以上方法还不够用，再送一套《人民日报》官微提供的权威动作，九大招式，招招精绝。

招式一：目标简单明确，细化成每日固定动作。

招式二：改变计划实施的环境，拆除阻挡你行动的障碍。

招式三：只专注于一个目标，每次只做一件事。

招式四：新旧习惯捆绑执行，新习惯能快速养成。

招式五：给新计划三十天试用期，改掉不适应与不完美。

招式六：用结果激励自己，想象完成的那一刻。

招式七：别低估自己的懒惰，找一个小伙伴监督你。

招式八：强制提醒自己，远离一切借口。

招式九：现在开始行动！

前面八条记不住也没关系，不妨从今天开始，先从第九条做起。

进步的维度与认真的能力

有段时间我连续几天频繁出入医院,开电梯的阿姨语出惊人:"每天上上下下,不是生,就是死,一刻不停。"早晨五点奔赴病房送饭,医院外已有数人在高声诵读,她们在努力背女性妊娠期的常见病症,T恤衫背后的字样解释了她们如此努力的原因——这是一家月子公司的员工。

我不知道开电梯的阿姨做这份工作之前,有没有这么多感慨,也不知道月子公司的员工在上学读书期间,有没有这么用功。

开电梯没什么不好,在月子公司上班也一样光荣,不应否认任何劳动的价值,但若从她们脸上的神情揣测,大部分人似乎干得并不开心。我大胆地判断,若有一份更好的工作可供她们选择,她们或许不会执着于现在从事的工作。

如果能够早点感慨,乐于总结,或许会有新的境遇;如果能够早点用功,持续发力,可能现在有更多的选择。

有专家指出,所谓的智商和情商,其实说的是一种能力,区别只在于应用场景的不同。这种能力,就是长时间、多细节的协调与掌控能力。

人的成长，是个从看多远想多深，到计划多远筹划多深，再到执行多远落实多深的过程。

感性让我们天生地喜欢即时反馈，我开口问，就希望有人答，我感觉饿，就希望立刻有美餐吃。在漫长的原始进化过程中，即时反馈系统让我们遇到天敌能逃跑，反应慢的，就会被吃掉。

但随着经济的进步、科技的发展，社会的节奏越来越快，只靠即时反馈系统，已经不太够了。读了几本书，当前肯定变不了现；成为优秀毕业生，十年后也不一定走上人生巅峰。于是你的大脑告诉你，读书没用，上大学无聊，做事认真还不如投机取巧。即时反馈系统依然在教你用不见兔子不撒鹰的传统方式来应对复杂系统中的复杂问题。

容易游戏沉迷、觉得读书无用，莫不是即时反馈导致的见识短浅，而不是所谓过来人的经验之谈？

上学的时候，有老师讲，"人，要学会有一点历史感"。当时不理解，现在想想，他说的应该是要学会从过去的经历中吸取经验和教训，以指导未来的行动和安排。

活得越久，越觉得值得思考的事情繁多。

我想，进步大概有两个维度：**在时间轴上，向前，要会学习他人的前车之鉴与先进经验，向后，要懂得统筹协调和人生规划；在空间轴上，对内，要认真考虑相关事务的各个细节，对外，要能够找到从事工作的各种联系。**

但知道不等于得到，两者之间还需要一座用"认真完成"连接的桥。

单位附近有所中学，外墙上刷着一行大字——

认真就是水平，实干就是能力。

我曾对此嗤之以鼻。这得是多么缺乏水平，才只能把认真当作标准；这又得多么欠缺能力，才只好把实干当作成绩。实在是可悲可叹。

时间一晃五六年，我从经常吐槽，变成了专业点赞。那行字为何能成为标语，自有其内在逻辑和深刻道理。

我们总觉得，认真是一种态度，没必要认真的时候，何必这么执着，不太重要的事情，不用死抠细节，这是强迫症，是变态完美主义，是偏执狂，是病，得治。

于是，交材料的时候，从不调排版和样式；发邮件的时候，从不备注电话和时日；上课的时候，从不看老师写在黑板上的字。

你丢三落四、心思散漫、魂不守舍、游手好闲，你说：我是个不羁的人，自由是我的天性，这就是年轻应有的样子。

其实你也不否认认真的重要，你只是觉得，认真不用学，认真忘不掉，我需要认真时，认真随叫随到。所以，可以轻松一点的时候，何必故意折磨自己呢？

貌似很有道理，但事实真的如此吗？

认真是什么？认真首先是专注，要能长时间将注意力放在一件事上，所谓凝神聚力，方能稍有成绩。认真其次是重复，要执着执行一个心愿，不断反复，只求有所改善。认真再次是细节，要从情书用纸的颜色考虑到你和对象学科专业的搭配选择，你才能对找到真心人运筹帷幄。认真最后是执行，要说要想要写要琢磨，但归根结底还是要去做，不做，还是空余蹉跎。

认真不简单，认真很难。

当下创业者多如牛毛，成功的又有几个？很多天才的想法，落地后迅速被拔光了羽毛，太多问题没考虑到，事情这么复杂怎么动手前丝毫没有感觉？

许多现在觉得没必要认真的小事，其实都是将来能认真对待问题的踏脚石。

请认真倾听，就像在接受赞扬一样；请认真阅读，就像在看情书诗行一样；请认真说话，就像在迎娶新娘一样；请认真对待每件小事，就像在众人面前宣誓，要做他们负责任的国王一样。

唯有如此，在你真的需要信息时，才能从容记下重要数据；在你真的需要产出时，才能奋力应对避免焦虑；在你真的面对一生中仅此一次的机会时，才能挽住命运的胳膊，不和它失之交臂。

确实，年轻不怕失败，年轻没有对错，在可以放松放纵的美好时光里，纠结认真似乎让我们变老了许多。但，既然年轻这么美好，不是更要认真对待吗？

认真是一种能力，需要培养和训练；认真是一件小事，却事关自身成长和命运改变。

能常常自省，避免犯曾经犯过的错误已是高手；若能以他人自照，不走别人走过的弯路则近先贤；再能以书自查，知前事兴替、明今日是非、估来日走向，已然成神。

刘慈欣的《三体》里，章北海的父亲台词只有一句，但绝对是让人进步的金玉良言——**"要多想"**。

如何风韵十足又不失优雅地码字

作为一名人文社会学科教师，我无从评判学生的自身专业学科素养。但从学生递交的作业中可以发现，在最基本的文字表达能力上，大部分同学都存在问题。

常见故障有这么几项：

一、逻辑混乱，条理不清。

数百字的简单小论文，前言不搭后语，完全理不清头绪，西一榔头、东一棒子，文字像是老鼠上了炕，哪个地方都敢逛。能写成流水账的，已经是人中龙凤，想遇到有文采的，概率低过中彩。

二、语法多变，病句满篇。

句子稍微长一些，结构就散架了，要么丢失主语，要么没了谓语动词，还有主谓不搭配、动宾不搭配、主宾不搭配，各种语序不当，各种表意不明，疑难杂症混在一起，读起来让人浑身难受。

三、行文拖沓，各种废话。

这样，那样，却，并且，所以，因为，然后，呢，了，啊……十个字能说清楚的问题，非要用三十个字表达，古龙当年都不敢这么骗稿费。

每天看各种"奇葩"文体,精神受花式折磨,我的头发白了不少。其实全白了也没啥,还显得有风度有文化。但当今社会,文字表达存在短板,讲话总是含混不清,不知不觉就会吃亏。

为了避免诸位折磨完自己再去折磨别人,我把珍藏的写作套路翻出来,供大家借鉴参考。

基本套路一:是什么—为什么—怎么样。

释义:先把基本立场讲明,介绍清楚概念,表达相应的观点,再去说明理由、原因、背景,最后阐释具体方案,说清利害关系,以期获得对方的理解或认同。

正确示例:你好,我叫小马哥,今年二十八岁。我是一名厨师,最擅长做川菜,做的水煮鱼特别好吃。但再好吃的饭菜,无人做伴也是难以下咽。我目前单身,想找一个志趣相投的有缘人和她共度此生。师妹你是不是也在为此事心焦气短?不如就和师哥携手同行,从此愉快地复习考研?

分析:上面这段话,叙事清晰,逻辑流畅,晓之以理,动之以情。先说明了自己的身份,并诚恳介绍了职业定位;接着阐明了当前的主要烦恼,顺带引出了个人的需要。在表达个人意愿时,从理解对方出发,再畅想美好的图画。短短几句话一气呵成,中气充沛,再倔的人听完也能搞定。

错误示例:我想找对象,有缘的就行,我会做饭,能做水煮鱼给她吃。今年我二十八,职业是厨师。梦想就是和另一半共享美好人生。姑娘你有对象吗？没有的话要不咱俩就共享一下，我吃点亏，你占点便宜，我一点都不介意。

分析：一开始就提个人要求，您就不能先客套两句吗？出门找大爷问路，都得先熟络熟络，问几句"吃饭没""天儿真好"才张口。一会儿说会做饭，一会儿说是厨师，明明是解决个人需要，说得像是雪中送炭一样。这个盘我不接，饭做得再好吃也没用，我怕你一言不合饭都不给我留。

基本套路二：感性—理性—感性。

释义：优秀的议论文、演讲稿、广告、文案，都有一个共同的套路，先用华丽的辞藻、复杂的修辞唤起你生理层面的认同感；在你对作者建立了基本的信任后，再用严密的逻辑、具体的事例、科学的分析征服你；最后，绘就美好的蓝图，编排斗志昂扬的话语，点燃你的情绪。因为事例、数据容易遗忘，感情保留的时间更长，最后用情绪收笔，可以让你记得更久。

示例："滚滚长江东逝水，浪花淘尽英雄。是非成败转头空。青山依旧在，几度夕阳红……"纵是那青史留名的人物，也抵不住这大浪淘沙般的日夜冲刷，时间如白驹过隙，不改日月如梭。这大好年华，不好好利用，却是白白糟蹋了这许多日子。师妹你年方二八，貌美如花，却把这青春与手机做伴，岂不是辜负了人生的美好和期盼？欲海无边，游两圈再上岸。师哥我一个人考研甚是孤单，希望找个朋友一起报考中科院。有道是白日放歌须纵酒，青春作伴好还乡，漫卷诗书喜欲狂之时，有师妹你在，我的愁，才能不再。

分析：诗文打头，营造时不我待的急迫感，这是用感性方式开头。随后开始说理，古今中外，名人雅士，也逃不过日月时光的侵蚀。师妹正值大好年华，所做的事情却无聊至极，不如和我携手，先去出门走走。最后几句杜诗，再次回归感性，描绘美好图景。

错误示例：太难了，我不会。

掌握以上两个套路，前者对公，后者对私，基本可以应对完成作业和私人表达两类任务。

有人讲，我还是觉得太难，天生没有文采怎么办。其实真心不是让大家追求华丽的辞藻。尝试不用成语，不用排比，用最平实的语言把意思表达清楚，能做到的，都是绝顶高手。

学会把无关紧要的用语和连接词砍掉。人的思维是跳跃灵活的，不要认为读者智商不够，大家都不喜欢流水账，喜欢的是蒙太奇和闪回。第一遍做不到，可以第二遍改稿时再删掉。

创作是种天赋，码字却是技术。伟大作品的诞生要老天爷赏饭吃，码得能看，甚至能当工作换钱，多练就可以做到。

如果写不出来，可以暂时把任务挂起。虽然没开始动笔，大脑会自动开始酝酿整理。找到这种感觉，你会感觉非常神奇。

写东西，头部降生最难。在电脑前，坐下，坐稳，坐住，别跑，尽全力把头部敲出来，后面的内容，使劲"扯"，就顺下来了。

列提纲，列提纲，还是列提纲。即便是意识流，也不是随便淌，胡乱窜。把想表达的意思列出来，前面加个头，后面添个尾，这就是骨架，每个部分添点肉，一两千字很好凑。

聪明如你，学会了吗？

口才是检验能力的重要标准

据说,如果玩不好游戏,娃有可能不服从家长的管教。于是我未雨绸缪,没买车先研究甩尾掉头,上网找教学视频,看高手直播,准备苦练技术。

检索了一堆视频,发现很多人游戏玩得不错,可惜语言跟不上趟,音、画明显不同步,一瞬间我甚至有一种网卡了的错觉,以为掉线了。凝神细瞧才发现,是解说人遣词造句实在费劲,硬生生把光纤憋成了2G。

强忍关掉音频帮他另配的冲动,坚持看了五分钟,事后基于人道主义精神,我给他留了言——别再折磨我们网民了,也请放过自己,您这样解说,会把舌头崴断的,将来吃不下饭,会有生命危险。

当下是视频当道的网络时代。好多人通过做视频创业,获得了成功。这种方式没什么不好,但如果不仔细去解读他人成功的经验,而只是把目光放在内容选择的角度上,很容易产生一种错觉。

这个人靠做游戏直播火了,我玩游戏也很专业,所以我也能火。那个人是在网上直播的,声音嘶哑,经常跑调,我唱得比他专业多了，我要上线保管比他粉丝多。这个大叔搞脱口秀，段子又老又生硬，同学都叫我段子王，我要上去讲，肯定比他强。

你以为他们成功是靠游戏技术、唱法唱功、编段子讲故事。其实更关键的因素是——他们的口才不一般。

何谓口才？

口才是在口语交际的过程中，表达主体运用准确、得体、生动、巧妙、有效的口语表达策略，达到特定的交际目的，取得圆满交际效果的口语表达的艺术和技巧。

何谓取得圆满的交际效果？想想金庸笔下的韦小宝。有人说韦爵爷运气好，出门随身三件宝——护身宝衣刀枪不入、锋利匕首削金断玉、神行百变走为上计，这才混得风生水起。

我却觉得，小宝同学能多次逢凶化吉，涉险如履平地，靠的绝不是白金装备，而是顶级口才。一根灵活的舌头上下翻飞，无数豪言壮语、甜言蜜语、疯言疯语引英雄美人誓死追随。我们不标榜韦小宝的处世哲学，但必须学习韦大人的沟通能力。

口才实在太重要，成功没它万万不行。

很多人能力不错，却吃亏在说不出来。你说一件事情我能做好，但我就是讲不清楚，因此错过了机会。可惜吗？可惜，因为能力够了。冤枉吗？不冤，因为你无力证明。

很多时候，太多时候，口才是检验能力的重要标准。怎样才算口才好？

好口才要——言之有物、言之有序、言之有理、言之有情。

言之有物，要多说别人感兴趣的内容。

对面是你们班女生，你猛聊游戏、PC、体育竞技，明显不太合适；面对三十多岁的职场精英，你可以谈事业、谈投资、谈理财；如果对方是宝妈宝爸，你就谈孩子、谈教育、谈烹饪；要是和大学生聊天，自然是问学习、问求职、问兴趣；如果对方还在上高中，话题自然离不开高考。

言之有序，要讲求基本的叙述逻辑。

问个路都要讲个招数，谈情说爱也要有具体套路，即便是街头巷尾的闲谈，看似西一榔头东一棒子，很多时候也在有意识地获取信息。想让别人搞清楚你想讲什么，需要讲求基本的叙述逻辑。

时间顺序：过去、现在、未来。

空间顺序：北京、中国、世界。

动因顺序：原因、后果、措施。

说理顺序：总分总、分总分。

认知顺序：现象、分析、结论。

言之有理，要总结、归纳、举例子，把复杂枯燥变生动简单。

理论天生是枯燥的，更适合纸面阅读，如果真要讲理，一定注意配合举例。什么样的例子有吸引力？

一要和听话者相关，传递的知识要有用。二要让听话者能够理解，要符合他们的人生定位。

言之有情，可以尝试自嘲，把气氛变轻松，再换位思考，让对方感动。 要倾注自己的感情，才能唤起别人的共情。高手一般会通过放低自己的身段，让听众不再小心翼翼、心存戒备，再移形换位从对方的立场出发，营造自己人、我懂你的良好氛围，然后，再讲晦涩的定理，演算复杂的例题。

拿我来说，我觉得自己表达方面的缺点至少有四处：

一、普通话不标准，有地方口音。

二、语气低沉平淡，不够抑扬顿挫。

三、一味图快，不懂留白和停顿。

四、不够自信，眼里只有缺点。

特别是第四点，相信解决好这个关键问题，其他几点不足会自行退散。

素质高的人，都自带进度条

某男士追求一位自视甚高的女士，为显示自己的诚意，每天买九十九朵玫瑰，附带写着热情洋溢情诗的卡片，数月坚持不懈。女士虽不为所动，内心却颇为自得，与闺蜜交流时不乏骄傲之情，闺蜜有些不忍，不行你就直说，何必浪费人家时间呢。该女士嗔道，我就是要考验考验他，只要坚持到一百天，我就同意和他去电影院。

第九十五日，玫瑰依然鲜红；第九十六日，情诗依然热情；第九十七日，爱意准时送达；第九十八日，话语还那么鲜活；第九十九日，该女士心情忐忑，玫瑰还是来啦；第一百日，女士心里如小鹿乱撞，玫瑰玫瑰我爱你，钻石钻石亮晶晶，甘愿随你到天涯……很可惜，今天她没有等到那个他。

网上对这种故事的解读，多是说一个真正的强者，既要让别人看到自己的能力，又要在关键时刻保有自己的尊严。能坚持到九十九日证明我不是弱者，绝对配得上你的高标准，但选择在一百天前离开，又凸显了我的人格，你值得我为之付出，但还得不到我的尊重。

我不知道是不是自己认识不到位，只想问问，大哥，你熬了这么久，何苦呢？有这么多精力都可以开一门公选课了，这不是浪费资源吗？正常人不会这样。

那……难道是没钱了？难道是生病了？难道是坚持不住放弃了？难道是把日子算错了？

等一下！

素质很高的那位女士，你确定告诉过那位追求你的男士，到一百天你就点头吗？没呀！这哪能说呀。不就是考验他一下吗？他怎么能这么对我！

为什么有太多人选择考研却最终放弃，为什么一群单身的人苦苦等待却错过了美好的青春花季，为什么人人叫嚣提升素质，脚步却追网络游戏而去。这究竟是理智的选择，还是人性的懦弱？

这就要提到我特别创立的小词条——"隐藏的进度条"了。

人的耐力、体力、精力都是有限的，有人说，现代社会拼的不是智商，而是意志。在创业、求学、提升素质这些特别耗费心力的场景中，有所成就的往往不是最聪明的，而是最执着的。

很多事情没有时间节点，不知道成功的日期，进度条天然处于隐藏状态，做好它们要拼个人素质；但还有一些事，有明确的时间安排，甚至有具体到秒的进度规划，在这些事情上，把进度条通报给他人，才能体现个人素质。

派八戒去巡山，饿着肚子等了三个时辰，还不见回来，让沙僧去寻，发现老猪同志睡着了。问之则答曰：没看到什么妖怪，累了想休息一会儿。二师兄，你倒是回来说一声再躺倒呀。

单位聚餐，小王喝多了，领导派小张送他回家，两人上了出租车就没消息了。领导无奈只好半夜再次拨通小张电话，到底到没到家啊？小张睡得有点蒙，在家呀，你谁呀，不知道大半夜打电话不文明啊。领导很生气，后果不是很严重。

上午九点开会，经理八点半在群内又提醒了一下，回答她的是一片死寂。没有人在线吗？是没忘不需要提醒，还是看到了不屑于理会？就不能吱一声吗？

临近下班，突然接到快递电话，有个文件寄到了，派小贾去拿，明天上班再带过来就好。然后就再也联系不上小贾了。

很多事情，太多事情，几乎所有的事情，受人之托，忠人之事，需要的不单单是做好，还要加上信息反馈。

对于一次性的简单事宜，比如寄快递、送材料、接客人等，寄出了、送到了、接完了，一定记得向委托你办理的负责人说一声，当面最好，电话次之，当然，对方忙、不便见面或接电话，发短信息也是可以的。如果在办理过程中，还存在延迟、换人、换地点等一些意外变故，比如收材料的不是原定人员，送客人没有赶上飞机改了高铁，请务必将相关情况反馈，以便后续另做安排。

对于一次性但是较为复杂的事宜，比如约谈客户了解情况、做市场推广、拉赞助找资源等，完成后除了反馈结果，更要反馈过程，最好还能加上点你的认识和评价。一定不能几个字草草结束——挺好的、没问题、没谈成、对方不感兴趣，这种事情最需要的就是信息反馈，而且是细节反馈。御弟哥哥为什么不答应我的求婚？孙猴子到底装进葫芦里了吗？怎么这么快就把老大王请来了？《西游记》里靠谱的小妖要是能多点，吃上猴哥棒子的妖怪不至于这么多，说不定还有打通关长生不老的可能。

对于长期较为复杂的事宜，比如起草文件、实施改革、招聘员工等，需要反馈的内容更加复杂，结果、过程、细节、突发情况都需反馈，因为这些事宜本身就不是一成不变的，随时需要动态调整。更体现个人素质的是，能不能形成一定的周期，设计简明扼要的信息呈现方式，用对方最舒服、最不会受到干扰的方式反馈，这才是水平和境界。

让别人看到你的进度条很重要，尤其还能既漂亮又清晰最美妙。

什么？你说自己是学生，这些事和你没关系？哎，上周布置的作业你怎么还没交？

据说勤奋也分好多种

曾开过一个学期的职业生涯规划课,课前我摩拳擦掌、踌躇满志,准备舌灿莲花讲得学生奋笔疾书(记录)。结果事与愿违,课堂效果与前期设想的大相径庭,五十分钟的课堂几乎难以维系,不但学生如坐针毡,我自己也是痛苦万分,最后几节课只能靠讲车轱辘话,强行分析案例,勉力支撑,得过且过。

为啥会这样?一方面,确有新开课不熟悉教学内容的原因;另一方面,我对这门课的筹备方法存在很大的问题。我以为只要搜集足够多的案例,背熟所有的教案,学生自然就会抬头,就会觉得课程很酷炫,就能给老师多点赞。但结果告诉我,学生并不认可我的"努力",我的发力角度存在战术问题。

很多学生也曾对我发出过灵魂之问。

老师,我每天六点起床,早早就到自习室,晚上教室赶人了才走,天天学习超过十个小时,咋就没考上研究生呢?

老师,我背单词特别刻苦,六级宝典都学烂好几本了,舍友吊儿郎当六级都过了,我四级为什么才考了300分?

老师，我是舍长，清理卫生、打卡交费、帮人提水从不计较，活干得这么多，怎么就没人理解还被骂呢？

老师，我工作一年了，每天起早贪黑，早饭都是在公交车上吃的，宣传部、办公室、市场部找我帮忙我都热情协助，晚上十二点前几乎睡不了觉，家里的狗都饿跑了，为啥和我一起来的同事升职加薪了，我还在原地踏步？

"书山有路勤为径""梅花香自苦寒来"并没有忽悠我们，但诗中的"勤"要有路径规划，"苦"要吃得有成长价值。否则"努力"就成了"行为艺术"，勤奋就成了只能感动自己的演出。

什么叫低水平勤奋？只顾付出时间和精力，不管是否有助于实现目标，就是低水平勤奋。

低水平勤奋的本质是啥？这句话可能会伤害到很多人，但低水平勤奋的核心是——懒。

对不起，这个答案会让很多人不开心，但我还是要把话说清楚。

人与动物是有差别的，所以应对同一类问题要采取不同的策略。以此观人，不同的人，做相同的事，理应有不同的选择。然而等事到临头，我们偏偏又觉得，你是人，我也是，你能做的，我为什么不行？

要做一件事情，请先调研，没搞清楚状况就开始做计划执行，肯定出力不讨好。

打算考研后制订计划，请保证你的计划不是简单的重复，而是螺旋上升指向某种成就。好多人的计划是这样的：上午背单词五十个、做阅读理解两篇，下午做模拟题一套，晚上选取英语美文三篇

"撕碎吞服"。

就算你能坚持下去，记得问问自己，一个月前背的单词你还记得吗？阅读理解常犯的错误有改善吗？模拟试卷成绩提高了吗？

爱迪生说，天才是百分之一的灵感加百分之九十九的汗水。我们从小就听，并以此为据，坚信只要功夫深，铁杵磨成针。

近年来，网上流传着另一种说法——但那百分之一的灵感是最重要的，甚至比那百分之九十九的汗水都要重要。

很多科学巨匠确实非常勤奋，居里夫人分离试验搞了三年九个月，但人家不是每天找口新锅搅拌八小时，而是目标明确，指向精准，就是要在数吨矿渣中分离出不知名的放射性元素，如此坚持不懈，才有成功的可能。

你的功夫也很深，但如果根本没想好要把铁杵磨成锥子还是铁斧，那还是不要磨了吧。

大部分人不是天才，努力当然没有错，何况很多天才更努力，但时间有限，所以努力的方向需要认真遴选。

只有模糊的目标——我要成为学霸、今年就脱单、创业开网店，就开始在自习室熬时间、追异性猛花钱、注册域名搞连线，最后怕是只能费力、伤心、烧钱。做好外部调研，综合分析个人优缺点，科学制定自己的方案，开工执行后还要不断调整，以适应外界变化，才有目标的实现。

有规划的勤奋才有获得成功的可能，善调整的勤才能攀上更高的山峰。

如果想把兴趣发展为职业

经常会遇到有这样疑问的同学:

我英雄联盟玩得特牛,网络排名都进前五百了,你说我将来能当职业选手不?

我喜欢音乐,爱好一切带响儿的东西,曾获宿舍十佳歌手荣誉称号,你说我该不该追求自己的音乐梦想?

我中意健身,坚持了五年多,日练不间断外加各种补剂,现在块头大得一面镜子都照不下,毕业后想当教练。

我并不否认,在人生中找到感兴趣的事情,并乐于发展为职业是一件幸事,或者说是一种幸运和幸福。从某种意义上说,人类的一切努力都是为了追求幸福。但在你真的决定这样做之前,我想提醒你,有几个问题需要想清楚。

你追求的是什么?

很多人的直接反应是,当然是热爱,当然是兴趣,当然是自己的心。如果出发点甚至最终目标是这样的,你很可能会失望。热爱来自快乐,兴趣源于放松。

某种行为能给你直接或间接的刺激，让你感到开心，感觉舒适，让你乐于花时间投身其中。抛开天生擅长和其他能力因素，较之旁人，仅仅因投入时间更多而获得的成绩和优越感，也会促使你进一步爱上这项活动。至此，良性循环已经形成，因为开心，所以做，越做越擅长，还获得了鲜花和掌声，所以更爱做。

借此，把热爱和兴趣发展为职业有什么不对吗？

这种转化当然没什么不对。但如果你追求的是能够继续在职业生涯中享受乐趣与放松，怕是难免失望。一旦选择了将兴趣职业化，你面对的不再是普通对手，而是专业选手。职业篮球运动员不会给唱跳转球耍酷的任何掌声，奥林匹亚先生也不会对普通网友晒出的胸肌有任何赞美，你会进入一个专业圈子，突然发现自己的渺小和卑微。

成就感不在了，取而代之的是压力和挫败。那么，你的热爱，还在吗？

当兴趣真正发展为职业时会有哪些变化？

第一，由以放松为目的到以竞技为诉求。

爱好游戏，过去是娱乐，是休闲，现在你要打排名，得奖杯，刷任务，否则存在感就会降低。一名职业玩家，天天十几个小时趴在电脑前，一种战术练上千遍，手都抽筋了，你说他是休闲还是修炼？一旦职业化，就不再是想付出时再付出，而是随时输出，还得保质保量，造型美观。

第二,由自己满意到让他人满意。

要是图放松,只为自己满意,那就是想什么时候做,就什么时候做,做与不做,纯属娱乐。要是工作,目标对准绩效,那将是做也得做,不做也得做,完全由他人掌控的事情,快乐能存几分?

第三,由缓解人生寂寞到解决肠胃饥饿。

如果兴趣是茶余饭后的行为,那职业就是为谋生理想而做的选择。一种是消磨闲暇时间,一种是为了养家糊口和胸中大志,虽然做的事情相同,但心境,确实大不一样。

真诚地建议诸位,如果没有清醒的认识和为之付出艰苦努力的勇气,还是尽量不要把兴趣发展成职业。我们应该做的,是在职业中发展兴趣,如此一来可在职业中寻找快乐避免自己变成机器,二来可保护兴趣不被职业化而消退。

明白这个道理也许会让你觉得人生有点无趣,但只有搞清了这一点,才不会既毁了自己的兴趣,又轻易放弃了或许能走得更远的职业发展。

第 5 章
人都是社会性动物

在微光成为炬火前

宿舍相处不完全指南

据说每个大学生都会遇到这样几个舍友，一个睡觉磨牙的，一个说梦话的，一个总想关灯的，一个频繁起夜上厕所的，一个不但起夜上厕所，上完还要再灌一大杯水的。

我住宿舍时有个神人，号称音乐发烧友，爱好吹唢呐，虽然从不在别人休息时间吹，但这玩意一响起来，你懂的。

上铺的同学喜欢在床上吃东西，杏仁、瓜子、花生、辣条，他还在床上啃着鸡爪喝过一瓶啤酒，平时我不是被瓜子皮扎醒，就是让油汤子弄脏床单。

我舍友已经一个月没洗过脚了，全宿舍成员给他倒好水，强迫他洗，他还是不愿意，说是怕水，你说他怎么不怕臭呢？

每次被问到这样的问题，我都不自觉地打个冷战，不是吓的，而是发愁，因为从某种意义上讲，这些问题是无解的。

我们都希望，世界按照自己喜欢的方式运转，以让我最熟悉、最舒心、最放松的面貌呈现出来。可惜，每个人喜欢的不一样；可惜，这个世界还不够大。

大学教育我们，学习之外，还要经营自己的人脉。我一直觉得，评判一个人人际关系处理能力是强是弱的核心标准，不应是他认识人员的数量，而应是和各种类型的人打交道的水平。

看门的大爷认识好多人，但这些人未必去关注他。"到什么山上唱什么歌"的评价虽然未必是一句褒奖，但至少能证明一个人的情商。

有人说住一个宿舍就是缘分，朋友之间要互相体谅，但缘分应该不是因气味结缘，体谅也没必要体验你的"体香"。舍友舍友，虽然里面有个"友"字，但好多人认为，自己一辈子也不愿意承认这个一起住了好几年的人是自己的朋友。

按理说，长时间生活在一起，多少也会产生一点感情。有些舍友之间，热热闹闹好几年，为啥交情只能这么浅？

我觉得，住在一起首先得基于自愿，几个人互相不厌烦，这样，假以时日，感情才会变深，交情才不会变味。

但如果本身就是强行分配在一起的，你没有容人之量，我也缺乏为他人考虑的习惯，朝夕相处早晚会演变成互相添堵。

可惜我说的这些事由，还是没有触及宿舍关系的"黑暗"底层。

为什么学生非要租房？难道学生不知道，住宿舍花钱更少？难道学生爱运动，非要远程到教室练练赛跑？难道学生太孤僻，断绝一切交流才能没有烦恼？

一位发际线看起来很成熟的同学沉痛地说道："老师，你不知道，在宿舍根本没办法睡觉。"

有人属夜猫子，有人属百灵鸟，有人在深夜游戏，有人早起蹦迪，没错，背景音乐用的还是劲爆摇滚。你们熬的不是自己的夜，而是舍友的命。不让睡觉，正在成为压垮中国大学生宿舍关系的最后一根稻草。

或许有人要说，为什么我要忍受他们，我的人生远比这更有意义。话没有错，但你要记住，可以选择环境的时候，注意选择环境，不能改变外界的时候，只有改变自己。

你是个学霸，那么无论外界环境多么嘈杂，你都能不被打断解题思路。以外界论成败，不是英雄，而是懦夫。人是有偏见的，成功时，我们习惯归因为自我能力；失败时，我们又倾向说条件不足。

成熟的人，要克服这种思维偏执，只为成功找方法，不为失败寻理由。如果不能将你的舍友改造成学霸，至少别被他传染变懒。

专家还告诉我们，"好人有好报""为人友善者，当下利亏，其后报偿"，这在进化心理学视角下的双路径模型和积极心理学视角下的反应改变理论中都能找到依据。所以，还是与人为善吧。

人是一种社会性动物。我经常告诉自己，和什么样的人在一起，你就会做什么样的事，也会成为什么样的人。如果你觉得周围的人不够优秀、环境不够好，一方面说明对自己有要求，另一方面也说明你应该更努力。这就是我们为什么要去上好的大学，结识更出色的人，进入更优质的环境的原因。

觉得舍友太吵太闹，太让你着急暴躁，别怪他们，加倍努力，才能远离他们，或者让他们自动远离。

但最后我还是要说一句，没有公德意识是病，得治，一味地宽容放纵，从不提醒，会害得他们再无提高的可能。

听说学生会是这样的组织

提到学生会这个话题,各位大概率为之一震,满心话语会变得不知从何说起。

好多人对各种团学组织有极其复杂的情绪,复杂到几乎不能控制自己:

混学生会必须得会说话,说话不好听根本没人会理你。

据说主席、部长、干事"论资排辈"很严重的,不聪明点根本没机会出头。

听说学生会很忙的,根本没空学习,那些天天忙还成绩好的学生干部,分数都是找人帮忙改的。

还有人说,不当学生干部想评奖评优是不可能的,名额内部早分完了。

不知是否有自我觉察,你的情绪已经开始逐渐"黑化"。我一直认为,想让别人接受你的意见和观点:

一不能摆迷魂阵。让人上当受骗不是长久之计,再海枯石烂的爱情都可能有终结的一天,何况是朋友间聊天式的咨询关系。

二不能打鸡血。一管子鸡血打进去，当时挺管用，但后续不持久，你负不了这个责，结果只能是误导别人。

三不能纯负能量。吐槽容易，找个共同的敌人狂骂一通，建立统一阵营看起来倒是很和气。但广场舞大妈们家长里短之外还一起健身呢，要是一点正事没有，一定撑不了太久。

靠谱的做法，是像武侠电影里的"雷老虎"一样，以德服人、以理服人，用事实说话，把利害关系摆清楚，再让当事人自己做决定。

学生会等组织有让人不得不吐的"槽点"吗？不否认，有。

第一，站在"外部"看"内部"，他们好像很"懂套路"，普通同学觉得学生会里全是"潜规则"。

天天在办公室泡着，在老师面前转来转去，混个脸熟，这样评奖评优时老师就会多考虑一下，这样的行为既幼稚又可能适得其反。

这种事情有没有？一定有。机会有限，名额不多，给谁？同等条件下，为集体付出了更多时间精力的人，学生会成员当仁不让，这个"锅"他们必须背。

第二，站在"内部"看"外部"，我们也都很无助，学生会成员自己感觉忙得很无奈。

天天落实各项通知、活动、计划、总结、报表，不是开会，就是在去开会的路上，或是梦见自己在开会。身在学生会的日子，确实很忙很充实，但日子久了，总觉得对自己进步提高作用不大，各种工作占的时间太多。挂了科，老师又骂我不重视学习，说这样工作再好奖学金也没戏,我到哪儿去说理?

第三,站在"内部"看"内部",许多问题要修补,各"山头"之间拉帮结伙多内耗。

"我们学院下周有个活动,拜托老哥一定出席一下。""最近要搞个海选,你们社团得帮我们拉票,上次我们可是帮你们出了力的。""学生会有熟悉的人吗,帮忙引荐一下,有个项目申请需要找人指点指点。"能力没提升,套路很社会,加入学生会是想学本事的,没想到提高最快的是酒量和话费。

到底是"别人笑我太疯癫,我笑他人看不穿",还是"人生在世不称意,明朝散发弄扁舟"?

学生会这个局,是入,还是不入?

已经进来的,是退,还是保留身份?

首先,如果认为加入各类学生组织,就能得到各种"照顾"和"好处",还是死了这份心吧。评奖评优优待自己人,这种情况一定有,但当前的各类评优条件,硬性的数据指标越来越多,软性的态度标准越来越少,很多奖项,特别是奖学金,一个"学"字,意味着绝对不可能忽略成绩,不是学霸是不可能拿大奖的。

其次,如果幻想加入后依然轻松如意,多了个职务还能不干扰休闲和学习,这种想法也不太实际。

加入学生会影响学习吗?新人多少都有这种疑问。我回答不会你信吗?不要自欺欺人了。先吃了三个肉包,怎么可能还能按原饭量再干掉五十个水饺?人的精力是有限的好不好!

如果学习是你的主业，加入学生组织就像多了一份兼职，两头都想有好成绩，不多花时间额外加班纯属吹牛皮。

最后，学生会各类杂活累活一大堆，天天忙，好好干，就算得到了认可，职务发展得不错，到底是失还是得？作为过来人，我觉得这项"业务"，与其说是增加了某种工作技能，不如说是体察了某种生存方式。

有如意的，就有不如意的，有人笑，就会有人哭，有人趾高气扬，就会有人低声下气，有人颐指气使，就会有人唯唯诺诺。事后我们骂，我们跳，我们撕心裂肺，我们大声号叫，人人情绪不同，感受大相径庭，因此确实无法一概而论是失是得。

或许这份"付出"最大的价值，是让我们在校期间就获得了接近社会的经历，将来进入社会，能比其他人多一份从容，加一份底气。

学生会的日子充满阳光，人人朝气蓬勃？不见得。

学团组织水深得不行，已经"黑化"成魔？有点过。

学生会或许很复杂，但让它复杂的，不是学生，而是一部分"社会"人。学生会让人很纠结，但让人难以定夺的，不是他人的看法，而是自己的失与得。人生不如意常八九，能在某一方面让人满意的事情都罕有，想各种好处占尽，还各种轻松如意？哎，听说"开挂"是会被"封号"的。

成年人要学会自己选择，然后对自己的选择负责。搞懂并学好这一课，不管入不入学生会，你的大学都值了。

听"社恐"症患者讲聊天技巧

其实我患有"社恐"症。

但偏偏总有同学向我咨询,应如何提高自己的社交能力。由于我有这个病症,能写成什么样真不能保证。

什么?你问这个病有啥症状。

症状一:反应慢。路遇熟人,别人打完招呼笑呵呵已经走过去了,我的嘴角才开始上扬,眼睛刚变得细长,美好的风韵全留给下一个见到我的人了,如果正好是个熟人,还能皆大欢喜,如果是个生人……要么觉得莫名其妙,要么觉得我举止轻佻。

症状二:脸盲。好几次路遇单位领导,人家冲我笑眯眯,我只管看路把头低,我真不是不懂礼貌,我近视,没认出来。唉,年底总结,我会自动把"尊敬领导,团结同事"这条删掉。

症状三:生人尬聊,熟客话痨。你说我平时写个几千字不怎么费劲,和生人找个话题怎么就那么难?我问过一位挺胖的同事有多少斤,还试图解释为什么人们不一定都喜欢瘦子。至于熟人,更是饱受我的摧残,我神聊起来漫无边际,每个唾液腺都加装了分导式的话题。我想生熟之间如此不均衡应该是互补的，正因为前者的无话，才导致了后者的挥发。

数出来三条已经很无畏了，不想再凑七宗罪。

无数关心我的老大哥、老大姐都对我谆谆教诲，不要老一个人闷着，多去参加一些活动，你一次不来，两次不去，到第三次，就没人叫你了。我深以为然，试了几次，果然，现在没人叫我了。

其实我真心不是找借口摆架子，连西装都分不清版型，秋裤还经常弄错反正，这样的社交水平，架子摆出来，只能是架子鼓，被乱捶一气不靠谱。

后来多亏朋友们宅心仁厚，没有怪罪我不识抬举。他们还好言相劝，为我谋划方案——你这是"病"，得抓紧治。

我也觉得自己的"社恐"症已经到了晚期，再不找个大夫看看，有被"天煞孤星"支配的恐惧。寄希望于自愈基本没戏了，是时候找服药看疗效了。

自黑了这么久，再回答前面咨询我的问题，请问还会有人愿意看吗？积攒了几十年不知有没有用的经验如下：

第一，**习惯可以培养，性格无法改变**。社交礼仪、职场规范可以学习，但也没必要过分地扭曲自己。人都不傻，假惺惺地称兄道弟被识破，还不如君子之交淡如水，只要水质好，五百毫升就能卖三块，这种交情并不廉价。

第二，**尽量与人为善，但这并不能保证遇到的都是好人**。我压低自己的咆哮，隐匿如刀的利爪，如果还换不到一个微笑，那还是放弃这段感情吧。我们永远无法取悦所有人，千万别因为这个为难自己。

第三，**职场也是人场，有人就有江湖**。人分远近亲疏，与人相处，特别是与领导相处确实需要技巧。但越是成熟的企业，靠的越是真材实料。在更多岗位上，需要的是能力够强、认真靠谱，关键时刻顶得上去的人。领导可能什么都不说，但领导一点都不傻。纵有千种风情，不如一技傍身，用能力说话，一切都不用惧怕。

第四，**朋友贵精不在多**。对社交能力强的，又精又多当然好，**但如果学不来，交三个朋友就好**。一个顺脾气对胃口的，说啥都不用多琢磨，两人之间互相释放压力；一个你真心尊敬的长辈或领导，见多识广，对你认可，关键时刻可以给你帮扶指导；一个兴趣爱好相同的，在某个领域共同进步，交流提高。有这三友，应该不会寂寞了。再有精力旺盛的，可以把三个朋友发展成三类朋友。

说着说着，我这个曾经的"社恐"症患者愈发地有信心了。过去一直觉得，自己的"社恐"症心态虽不健康，但也算有理有据，直到我看到了社交培训专家戴愫的观点：

不要觉得社交只有虚伪和尴尬，如果不闲谈、不社交，只会让你的人生更尴尬。

真正的社交不是为了利用别人，而是为了帮助他人成功。

每个人都有自己的知识系统和独到视角，你是可以帮助别人的，找到了自己的价值，立刻会获得交流的底气。

社交不是索取，而是互助。共享信息，蛋糕才能越做越大。

就此，小怪兽不用再挨揍了，我觉得自己的病有救了。现在，还能给大家介绍下聊天的经验了。

闲谈不一定会惹人烦。只要我们的情商没有低到在别人忙着用餐的时候非要和他强聊影响胃口的事情，友好的交流，都会被对方愉快地接受。

为啥？人都有表现的欲望。

聊天是个信息互换的过程。有发送方，就需要有接收方。就像都盼着自己的微博多几个粉丝，朋友圈人人点赞，换了新发型大家都夸真好看。我们兴致勃勃地长篇大论时，都会盼着有个忠实的听众。

所以，聊天不是只有聊，还有假装看"天"，对方的脸，就是你需要不间断观测阴晴变换的那片"天"。

没人喜欢被冷落。大多数时候，无论是传统的桌餐，还是西式的自助晚宴，吃，肯定不是主要目的，别人都在推心置腹的时候你却在猛啃排骨，这种"表现"实在有失社交礼仪。

就正常情况来看，在某人"落单"时，你主动伸出橄榄枝开始闲谈，之于对方，绝不会嫌烦，而是视为火线救援。如果担心被拒，还可以通过假装自己是东道主、把对方设想成许久未见的老友、幻想对方曾欠过你的情等系列心理暗示，进一步增强自信心，让自己在聊天伊始就占据高位，继而顺水推舟，浪遏飞舟，控制聊天的节奏。

心理上已经不怵，也不是聊啥都行。不要一开始就问太过封闭的问题。

选择题、填空题都不行，更不要问判断题。对方一个"是"或"否"就把你打发了，你尴尬，人家也尴尬。本来是想和你认真聊聊人生和理想的，结果你开口就讲"你喜欢网游吗？"如果恰好对方喜欢还好说，如果对方答不喜欢，请问你怎么接下去？

是非问往往会给别人强烈的"压迫感"，即便是到了表白的阶段，一句"你愿意做我的女朋友吗？"若没有合适的场景，即便早前对你有好感，也可能引起他人反感。

也不要问太过专业的问题。请问中美贸易战你怎么看？请问根据目前的房价走势你决定买房吗？请问和谐的婚姻关系中有哪些因素值得我们共同研究直面挑战？

我不是新闻发言人，你也不是电视台记者，大家都做回普通人，不要冒充专业人士好不好？我是来放松的，不是来复试考研的。如果我能回答，你能接下去话茬吗？如果我不能回答，你觉得我还愿意和你接着聊吗？

上述两类都是会把天聊"死"的情况，不想"注孤生"，就不要这么愣头青。当然愣头青是不可能的，这辈子不可能是愣头青的，但一聊起来对方个个都是人才，说话不是很冲，就是很猛，这可怎么整？

技术我已经学会了，但没法保证对方也受过培训哪，他硬要把天往死里聊，我能有什么招？

嗯，功夫高手不但要擅长出手，而且得特别抗揍。对方拼命想把聊天终结，你要妙手回春，各种推拿理疗，甚至除颤电击，让闲谈重新带感，直至恢复节奏。对方想用封闭性问题终结话题，你要一问多答不停生成话题。

你喜欢最火的那款射击游戏吗？不喜欢。但我喜欢吃冰激凌，我还会做冰激凌呢，上个暑假去超市打工负责卖冷饮，我给你讲讲那个机器怎么操作吧，可有意思了，记得有一次……

如果对方的回答很平淡，你要从他的回复中挖答案。

同学你好，过去没怎么在健身房见过你呀，在哪个学院哪？

哦，我大一，学广告的，过去不在这个校区。

哈，正好想请教一下东校附近有什么好吃的。对了，暑假我们组了个社会实践团队，宣传这方面正好没有专业人员，不知是否有兴趣给我们指点指点？同学你这个动作有可能受伤啊，来，我给你做一下保护比较保险。

性格是天生的，不能改也不用改；聊天是门技术活，可以学也必须学。突然觉得自己的"社恐"似乎也不算病了，因为我好像已经学会了应对各种社交场合。

同学之交切莫淡如水

某日我在整理教学文档，发现一个同学的成绩有些异样，上课倒是都来了，但平时作业一次也没交，最后考试还算不错，经过加减乘除综合配比，这个同学的成绩是59.8。

这就比较尴尬了。不给他四舍五入60分过关吧，显得我不近人情；给他及格万事大吉吧，又有那么一点不太情愿。

还是打电话再了解了解情况吧，万一是我搞错了呢。如果他从来都没上过课，点名表都是代签的，我就不用纠结了，直接不给他通过就行了。做人必须得乐观，凡事都要往好处想。

喂，马齿轮同学你好，我想问问你们班王大锤同学的情况。啥，你和他不是一个宿舍不清楚？那好的，我再问问别人，再见。

喂，陆车床同学吗？你和王大锤熟吗？我就是想了解一下他这个学期到课率咋样。哦，不熟哇，那好吧。

喂，单片机同学吗？王大锤你认识吗？太好了你认识呀，你知道他为啥平时作业都没交吗？平常上课有人给他代签过吗？我这边有两处笔迹不太一致。哦，你们只是联机游戏，没见过他读书写字，不知道他学什么专业，可你们是同班同学呀！

我绝望地挂断了电话，突然感觉胸口有些发麻。正如朋友圈里其实没几个好朋友一样，似乎一些同学之间也没有多少真感情。

我的固有认知与此相较，似乎根本不在一个频道。原本我以为的同学情，应该是那种过命的交情，吃喝拉撒睡，一起流泪一起流汗一起流口水，在需求的最底层，酝酿出家人般纯粹的感情。

曾有大学生暑期开学抵达宿舍时太晚，为了不影响同学休息，在走廊打地铺，被同学称为"中国好舍友"。

我们对好同学和好舍友的标准也没有那么苛刻，不用对标深夜返校就必须打地铺在门口睡觉。替他人考虑是一种值得点赞的自主选择，如果让别人为了我们的利益做出牺牲，那就成了道德绑架，是要挨骂的。

在当前的环境下，能给同学带饭，帮舍友打水，替朋友取快递，已经可以充分证明同学感情。可惜的是，这个标准有时也显得高了。

古语说，君子之交淡如水，本意指品格高尚的人交往，倾慕的是人格和才学，没必要"礼尚往来"，夹杂太多的利益关系。

现实中，同学之交也开始淡然如水，年轻人似乎比中年人还要"佛系"。你和我说话也成，不和我聊天也行，愿意帮忙就帮，不愿意伸手也没人说你不热情，大家就像在一个庙里修行的和尚，暮鼓晨钟，各念各的经。

少不读红楼，免得过早叹息红颜薄命人生如戏。老不看三国，不愿暮年感慨岁月蹉跎青春不再。十八九岁、二十出头的年纪，本该是最热血最纯粹，交到一生挚友的时期，为何情感会寡淡到了念经诵佛的田地？

选择越多，志同道合者越少。

当年我上学那会儿，连网吧都没有，同学间的娱乐项目，一是打牌，二是侃大山，再就是一边打牌一边侃大山。

在这个到处都是触摸屏的时代，只要不把一个人的两只手都占上，他都能把传统的社交项目玩出新的花样：卧谈会变成了只卧不谈，聊什么都显得心不在焉，网吧酒吧咖啡厅影院卡拉OK，手机上光是枪战类的游戏就装了一堆。娱乐休闲的选择每增加一款，酝酿感情的概率就被稀释一次。

交朋友越容易，交到真朋友越难。

有人会讲，互联网时代最不缺的就是社交平台。这年头，大家都缺钱缺时间，唯独不缺朋友，随便装个App，摇一摇找周边的人闲聊就能把你忙死。这话一点也不错，既然朋友一抓就是一把，有人胆敢添堵，立马就换候补，没必要投入那么多感情。

可物以稀为贵，正是因为感情投入多，才会让人舍不得。朋友像观音菩萨一样来去如意，也就不可能产生西天取经般的患难友谊。

在人际关系相关理论中，有个"150定律（rule of 150）"，二十世纪九十年代由英国牛津大学人类学家罗宾·邓巴（Robin Dunbar）提出，也被称作"邓巴数字"。

该定律根据猿猴的智力与社交网络等数据推断出——人类智力允许人类拥有稳定社交网络的人数是148人，四舍五入大约是150人。

第 5 章　人都是社会性动物

有人会立刻对这个数字嗤之以鼻!

怎么可能?我微信好友就有上千人,要是再加上QQ、贴吧、豆瓣、虎扑、陌陌、领英、探探、各种论坛,统计上那些没收录到手机通讯录的名片,不用加给我上选修课的老师,我就能把社交圈人数凑到一万!

拜托同学先认真读读题,社交网络人数前面还有两个字——"稳定"。

啥叫"稳定"?

不扯那些握过几次手,吃过几次饭,拍没拍过照片等没用的,因为具体数字太难统计。就给你一张纸,你往上写名字,能写出多少,就证明你社交圈有多大。

你可以写一下试试,我誓死捍卫你绞尽脑汁、拼命回忆的权利,但我还是要劝你理智地放弃,心理学家早就做过万人以上样本的统计了,平均数字就是"150"。

你不服,说有些人我可能不知道名字,但我们明明在网上很亲密。

时至今日,有了社交平台的加持放大,这个数字也没有太大的改变,因为这项研究的伊始,依托的就不是沟通手段,而是人的脑力上限。

Facebook内部社会学家卡梅伦·马龙(Cameron Marlow)统计发现,Facebook用户的平均好友人数是120人,总体来看,女性用户的平均好友人数要多于男性用户,这些都与邓巴理论不谋而合。依托社交工具和用户数据,我们可以更清晰地看到一个人的社交地图和沟通轨迹。

虽然120和150这两个数字听起来也不算少,但人们真正经常联系的好友基本是个位数。好友之间联系得越活跃、越亲密,这个群体的人数就越少。

平均拥有120个好友的用户中,男性一般只会与其中7位好友,通过在图片、状态信息或留言板上留言进行回应。女性用户则更善于交际,但人数提高依然有限,她们通常会给10位好友留言。

如果再把社交行为上升到更亲密的发送邮件与即时聊天,男性用户一般只与4位好友进行交流,而女性用户进行此类交流的好友人数是6位。

看完科学家们的论点,我悲哀地发现,自己的人脉圈只有那么可悲的一点点。

更加可悲的是,本来就屈指可数的亲密好友竟然还都是朋友圈互相点赞的那种关系。

点赞型好友是什么关系?

你拍了好吃的,下面一群人馋得不行。

你照了好风景,照例是羡慕嫉妒,带着我去成不成。

你得奖上了榜,必须是一群人猛烈地鼓掌。

分享一旦变成了相对沉重的内容……

点赞吧,不合适,这不是把你的悲惨当戏看吗?留言吧,太麻烦,真名都不知道,哪有空打字闲聊。朋友圈看起来热热闹闹从不寂寞,理一理能掏心窝子的却没有几个。看起来如胶似漆各种关心，其实全是撕来扯去比拼演技。

看问题不必这么消极，毕竟大家都很忙，能回复朋友圈的，已经是很在意你的真交情。你需要搞清楚的是，真想发展成铁哥们儿和好闺蜜，需要从哪些角度努力。

管理学上有本经典著作——道格拉斯·麦格雷戈的《企业的人性面》。书中对员工做了两种人性的假定：

一是认为人生来就是懒惰的，有机会就会偷懒，逃避责任，与此相适应的管理理念，是强调惩罚与控制的X理论。

二是认为人是需要尊严和追求自我实现的，有自发的内驱力，与此相适应的管理理念，是重视激励的Y理论。

大家如有需要扮演管理角色，可以慢慢比对两种理论的差别。

我们今天要说的，是建议建立亲密的关系，也可从X理论和Y理论对人性的理解来解答。培养靠谱的朋友，既要看良心，也得讲利益，只看良心关系不长，只讲利益那是生意，两者都强，友谊方能地久天长。

第一，要选对人。

我本将心向明月，奈何明月照沟渠。真心换真心方法没错，但时间久了你会发现，有些人根本没长心，想要花心思，首先得选对人。善良的、知恩图报的、有责任心的、不斤斤计较的，人好，有时候比啥都重要。

第二，要有利益。

让别人只对你耕耘，从不求回报，这不是交友，这是诈骗和下套。毕业久了，为啥原来好哥们儿关系也会变淡？没有共同的事业，缺乏相同的利益诉求，或许是个痛点。没有永远的朋友，只有永远的利益——听起来虽然冷血，但是讲得自有道理。我们记住这句话不是赞成为了利益就要抛弃朋友，而是为了保住朋友要懂得共享利益。

第三，要讲感情。

我们无法奢求对方会以我们对待他的方式对待我们，但为了能获得善意的反馈，还是要尽全力首先让自己的感情到位。想让别人待你如家人，你得首先把对方当成亲人。想让朋友理解你的苦衷，你得在他受伤之时感同身受。

点赞的人那么多，上心的没有几个。不是人家情谊太假，而是我们欠缺开发。

青年人的感情，应该像火锅一样翻滚冒泡，一口下去龇牙咧嘴，浓烈到受不了，虽然会辣出鼻涕烫出眼泪，但那种痛快的滋味，依然会让你欲罢不能下箸不停。

现在，每个人的选择越来越多，在单个人身上的付出越来越少，火锅变成了麻辣烫，麻辣烫改成了胡辣汤，胡辣汤变成了白米粥，白米粥变成了纯净水。我们不能说白米粥就没营养，纯净水就一无是处没价值，但能让你牵肠挂肚一辈子忘不了的，还是火锅里涮的各种"料"。

最后，我负责任地讲一句，同学关系这样一路"佛系"地淡下去——将来遇到难事，你们是会找不到人借钱的。

如何正确地给别人添麻烦

有同学问如何处理紧张的人际关系，有时感慨别人不理解自己，有时也觉得自己很难接受他人。

出现此类问题，或许是我们在处理不同麻烦、应对各类问题时，操作方式出现了问题。让本来能给自己加分的事情，变成了给自己减分，本来能获得赞许的付出，却招来了他人的厌恶。

活在世上，总会遇到各种各样的麻烦，不顺的时候，生活似乎就是麻烦的合集。没人喜欢麻烦，但由此生出的结论不应是逃避和忽视，考虑如何科学应对才是正确选择。

有时候，我们本能地想绕开麻烦，所谓眼不见心不烦；有时候，我们实在懒得去处理，凑合凑合也就过来了；有时候，我们条件反射式地想找人帮忙，觉得专家出手，立刻就有；还有时候，我们选择低头自己舐伤痕，别人太忙，没空给我们疗伤。

人人都不愿意给别人添麻烦，有时偏又总是错误地麻烦了别人。我们科学分析一下麻烦的性质，教你如何正确地给别人添麻烦。为了方便理解，我画了一张图，来说明麻烦的性质和特点。

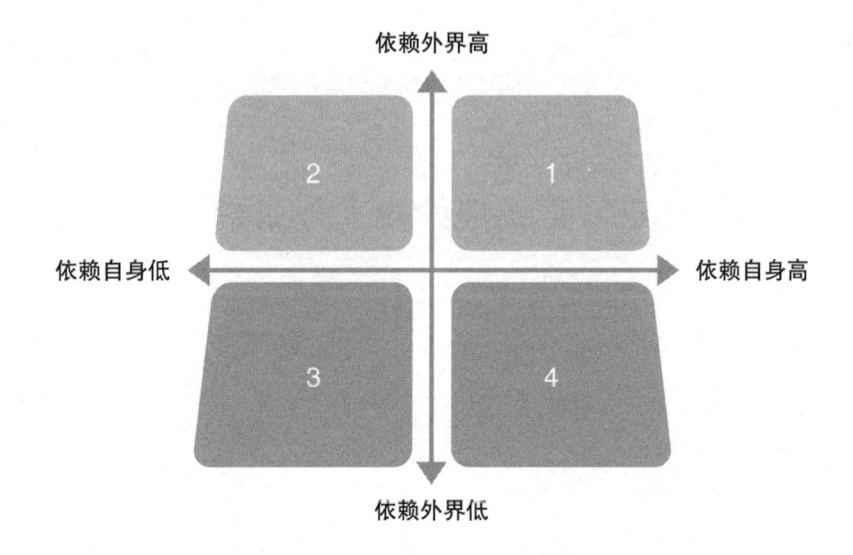

```
         依赖外界高
              ↑
    ┌─────┐  │  ┌─────┐
    │  2  │  │  │  1  │
    └─────┘  │  └─────┘
依赖自身低 ←──┼──→ 依赖自身高
    ┌─────┐  │  ┌─────┐
    │  3  │  │  │  4  │
    └─────┘  │  └─────┘
              ↓
         依赖外界低
```

如图所示，麻烦的四种类型为：

1. 在自身能力和外界帮助的协作下才能解决的麻烦。
2. 自身能力不足，需要依赖外界才能解决的麻烦。
3. 自身能力和外界帮助任一都能轻松解决的麻烦。
4. 不需依赖外界，依靠自身能力就能解决的麻烦。

接下来，解决方案隆重登场。

麻烦类型1

这种类型的麻烦单靠自己解决不了，完全依赖别人也不行。刚出校门的大学生总是不好意思麻烦别人，怕别人太忙，怕别人觉得自己能力差。但这种明显需要别人的问题，请大胆张口，同时需要别人和自己才能解决，不就是协作吗？工作场景中会有大量这种问题，比如公司的商业项目，比如市场合作关系。放在校园场景中，最典型的例子，就是大家的毕业设计。因为毕业设计、毕业论文的问题去找导师，那是天经地义，你如果因为怕麻烦导师而不找，才是给他添麻烦。

正确解决方法：把自己需要完成的部分做到位，再拿去请教他人，这既是对他人的尊重，也是对自己的负责。

麻烦类型2

这种类型的麻烦完全超出了个人能力范围，请高人、找专家的时候到了。其实这正是社会化大分工的结果，每个人的时间和能力都是有限的，不可能精通所有的事情。不会修电脑，就去科技市场；生病了，抓紧去医院；有不懂的问题，尽快请教老师。麻烦别人无可厚非，请一定不要羞于开口。需要注意的是，专家可以帮你解决麻烦，但请你一定不要给他制造新的麻烦，比如在他明显忙碌的时候电话咨询问题，在深夜登门拜访要求解决困难，等等。

正确解决方法：把自己遇到的问题尽可能描述清楚，选择合适的时间、场景去寻求帮助，找人帮忙不要惹人生厌，最后，最重要的一点，如有必要，请对他人的帮助给予回报，不要占别人的便宜，哪怕是朋友或亲戚。

麻烦类型3

这类麻烦从困难程度而言，已经不能称为麻烦了。无论是自己,还是他人,都能轻松搞定。但越是这种麻烦,越容易在人际关系中惹出不愉快。最常见的问题,就是自己的问题偏让别人去解决。明明自己可以取快递,非让别人捎回来,完全可以自己去食堂,次次都让别人带饭。别人说起来,还总是振振有词——不就是举手之劳吗?你不正好也下楼吗?

这就叫得了便宜还卖乖。知道为什么会没朋友吗?就是这些小事,透支了你的人情储蓄。

还有些时候,我们确实没让别人代劳,却因为自己太懒,把事情拖下了。这类麻烦往往都是小事,比如灯泡坏了该换,马桶堵了该通,有个电话要打,有封邮件要发,等等。最容易出现拖延症的有两类问题,一种是能力不及的大麻烦,还有一类,就是这种举手就能解决的小困难。

为啥不能拖?请自行回忆中学课文《扁鹊见蔡桓公》,当时能解决的小病,拖到最后,神仙也没办法。正确解决方法是:自己解决,不要犯懒!

麻烦类型 4

这类麻烦凭自己的能力可以轻松解决,依赖别人反而会比较啰唆。但生活中偏偏就有一个群体,该自己解决的问题,我制造麻烦也要给别人增加困难。

一句话来说明问题——什么叫素质,素质就是自己能上网搜的,绝不开口问人。正确解决方法为:力所能及的事情,一定自己完成，这既是对自身的必要训练，也是对外展示个体价值的良好机会。

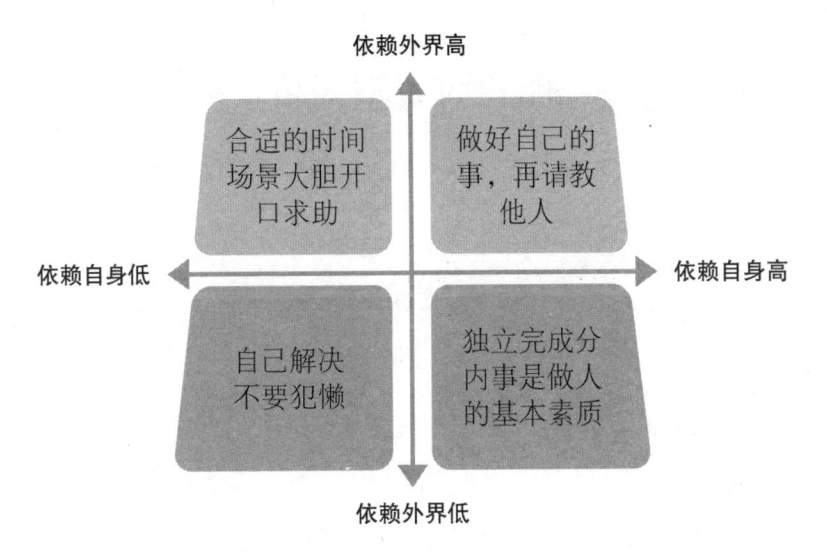

```
                    依赖外界高
                        ↑
        ┌─────────┐     │     ┌─────────┐
        │合适的时间│     │     │做好自己的│
        │场景大胆开│     │     │事，再请教│
        │口求助    │     │     │他人      │
        └─────────┘     │     └─────────┘
依赖自身低 ←─────────────┼─────────────→ 依赖自身高
        ┌─────────┐     │     ┌─────────┐
        │自己解决  │     │     │独立完成分│
        │不要犯懒  │     │     │内事是做人│
        │          │     │     │的基本素质│
        └─────────┘     │     └─────────┘
                        ↓
                    依赖外界低
```

做个总结："个人的全面发展和个人力量的增长，取决于个人社会交往发展的程度。"因此，该麻烦别人的时候，合理开口，人脉就是在寻求帮助的过程中建立的；不该浪费他人时间的事情，严以律己，别因自己的懒惰丢了现有的朋友。如此这般，或许就能成为一个受欢迎的人。

略论讨好型人格

老三,去食堂吃完饭有事吗?

没啥事。

那你帮我拿着暖瓶,捎壶开水回来呗。

呃,行。

国哥,你觉得咱们班晓丽怎么样?

挺……挺好的呀,我对她印象一直不错。

英雄所见略同!弟弟单身好久了,我决定追她,你看的书多,给支支招呗。

我?我自己还单身呢,哪有什么好点子。

咳,这就不对了,你可不能谦虚,谁不知道你是咱们班的笔杆子,老师都经常让你帮忙改材料。我看要不就这样,帮我写封情书吧。

这……不太好,其实,我也……

别支支吾吾了,就这么点事,一直把你当老大哥,没想到这么小气!

唉，行吧。

父母从小教育我们，要积极帮助别人，赠人玫瑰，手有余香，助人为乐是一种美德。积极助人肯定没错，但是否真能收获幸福，真能"为乐"，这可真是不好说。

以上文列举的情境为例，助人者似乎都是被迫的，付出自己的时间、精力、才华后，并没有得到快乐。搞不好，收获的反而是委屈和悲伤，答应的事做完，一肚子苦说不出，还得想办法安慰自己才能平复情绪。

大家都不容易，你喜欢就行，随便吧，别管我了，忍一忍就过去了，别伤和气，习惯就好，这不都是朋友嘛。觉得可以无偿、无理由、无休止榨取你的精力的人不是你的朋友。他们本来也没把你当朋友。

你只是辆共享单车，谁都可以使用，车锁坏了，既不用付费，也不用道歉。用车的人有几个会注意保养，考虑车的状态。

我讲话不好听，但老好人真就是这种待遇。明明不愿意，为什么我就是无法去拒绝？总是不自觉地去讨好别人，背后隐藏的是自我的低自尊状态。

我的成绩太差，我的水平不行，我的朋友太少，我的颜值不高，给自己打的全是低分，内心把自己放在了利益权衡中的低位，认为自己的时间、自己的精力、自己的付出不如他人的重要，从而把别人的事放到了更高的优先级，变成了不会说不的老好人。

"不"字写起来非常简单，为何说出来如此艰难？老好人的心中，或许有这么几条稍显扭曲的信念：

第一，如果我说不，对方会不高兴，我会失去这个朋友。

在老好人的认知体系里，朋友要重情重义，要急人所急，难人所难，帮助朋友不但是理所当然，而且是责任义务。别人有求于我，是看得起我，把我当朋友，向我发射了重要的讯息和信号，我不帮忙，就会愧对他的信任，他会不高兴，还会伤心失望，以后就再也不会和我一起共事了。

第二，拒绝别人，别人就会给我差评，会对我心生怨念。

最近很忙，压力很大，工作很累，实在没空帮忙。但如果我说不，对方心里就会不开心，可能还会告诉别人，这个人不尊敬领导团结同事，不适合做朋友。我的好评率会降低，头顶的标识不再是五星，长此以往，会被孤立，友谊的小店就会倒闭。

第三，说什么我都同意，我没有攻击性，别人会觉得我安全。

如果别人向我求助，我拒绝，这是一种不合作的攻击姿态。我攻击，别人就会防御，一来二去，就成了敌对关系。本来我就不善交友，怎能去主动树敌？所以，还是帮忙为好，我是好人，我一直是个好人，别人不会觉得我危险，会尊敬我，保护我，有好事的时候想着我。

人际关系专家做过一个有趣的实验。针对同样的求助，一批人给予肯定的答复，另一批人拒绝提供帮助。过一段时间再进行关系统计，让人惊讶的是，乐于提供帮助的人，朋友不增反降，反而是拒绝别人的人，朋友数量增加了。

很多时候，人似乎不知珍惜当下，只会觊觎未知。放在高处的糖最甜，买不起的衣服穿起来最美，越是需要付出很多才能拥有的东西，越是不容易得到的东西，人类才会越看重。

用这套"理论"反观一下老好人的行为，再参考上文实验，相关结果既不难预测，也不难判断。想交朋友，别人没把你当朋友；想增好评，别人很可能忘了评；想保安全，结果却成了靠边站。老好人想达成的心理预案，一条也没有实现，实在是可悲可叹。

我帮忙了，付出了，努力了，结果怎么会这样？对方得到得太轻松，获得帮助太简单，所以他们既不珍惜，也不点赞。长此以往，他们不但不会感谢，反而会变本加厉，把你的精力当自己的往外借——这种小事，找那个谁就行，反正他也没啥事。

我就无法理解了，我天天帮你，你竟然当天经地义还欺负我？你还真别怪他们，他们很可能不知道自己在欺负人。

为啥？因为我们从不说不，没设置过底线，别人不知道何处是你的禁区，所以真的不知道你被欺负了。其实，每个人都能分得清是非和轻重缓急。助人者纠结是否同意，求人帮忙的其实更不一定有底气。是你的反馈，造就了他们的"无畏"；是你的闪避，被他们用作了"咄咄逼人"的武器。

或许，实事求是才是最佳"套路"。能做就做，不能做就拒绝，能做到什么水平也提前讲明不啰唆，这才是真正的"专业无敌不寂寞"。

归根结底，真正的实力才能给人说"不"的勇气。

找工作，我要我觉得

据说大学毕业生找工作有两个"中国之最"谁也逃不过：第一，你们是我带过"最差"的一届；第二，今年是就业形势最严峻的一年。

据教育部发布的数据，2022年中国高校毕业生总规模达到1076万人，规模首次突破千万，且受疫情和经济下行压力增大等多方因素的影响，就业形势遇到了前所未有的严峻挑战。

但面对"嘲讽"与压力，年轻人还是有自己的执着——"我不要你觉得，我要我觉得。"

这句流行语之所以能成为"名言"，收获大家的喜欢，不是因为霸气有个性，而是因为它确实暗合了某种道理，有自己的内在逻辑。

社会学研究中，解决问题讲求四个维度——"从上往下看，从下往上看，从外向内看，从内向外看"，这样得出的结论才不会偏颇，能够全面。如果国家的举措是在"自上而下""由外向内"地解决问题，"我不要你觉得，我要我觉得"就是在"自下而上""由内向外"地表达诉求。

政府、学校各部门殚精竭虑出招帮大家寻找就业出口,但这个"出口"是否是自己愿意上门的那个?还真得琢磨琢磨。一些求职的朋友不好意思明说的一些"潜台词",我来帮大家点破。虽然只说找工作,其实心里想的,是找一份好工作、满意的工作、史上最强的工作。

就像想脱单的你,嘴上说,是个异性就行,但心里想,怎么也得是1∶1复刻我喜欢的那个明星。

那什么样的工作才能叫一份好工作?钱多活少离家近?听起来确实不错,但层次还是有点浅了,除了物质,人还有心理的诉求。

某求职节目中有句点评很经典:员工离职无非两个理由,一是钱没给到位,二是心受委屈了。这个观点我一直到现在还记得,它不单可以指导用人单位更好地开展人力资源工作,反过来也可以帮助我们,认清好工作的关键要素有哪几个。

在我来看,能同时兼有物质,还能让别人保持尊敬的态度,这就是好工作应有的样子。

说到这儿我突然想起了一个同学,他毕业后留在北京工作,收入待遇都不错,最让他苦恼的不是票子、车子和孩子,而是挤地铁应该用什么样的姿势,面对买再贵的车也无法压缩的近四小时的日均通勤时长,他时常觉得有些迷茫。

我说,你没想过换个城市吗,这么执着地留在这里,是因为回老家收入就会大幅降低吗?他说不是,是因为长辈觉得子女在北京上班有面子。

这个同学的案例先存盘保存，我又想到了一个朋友，和大家再做一下交流。

她考研失利调剂到了广西一所高校，错过了专业排名前三的上海某校，本以为低调念完顺利拿到毕业证就行，没想到天天科研、实践、跟团任务不断，每个周末都在满负荷中度过，接待过包括东南亚某国总统夫妇在内的多国政要和商界人士，两年过得无比完满充实。

哦，对了，她念的是翻译硕士，这些实践场景都是国家"一带一路"倡议结出的果实。现在她留在广西，发展得相当不错，目前还是单身，但我绝对不会在文末打出她的微信。

个人选择不能由外人来评判，好工作的关键要对标自己的发展和心愿。

我们不是在选择抽象的工作，而是在描摹具体的生活，虽然你我都只是蹩脚的画手，但还是要努力去追寻内心的感受。在某个城市上班不一定就高端，在某个前沿平台不一定就能风光无限，但被他人的眼光、单一的标准绑架的人生，自己一定不会喜欢。

适合的，才是最好的。

照这个节奏，是要抛却所有，求职只需跟着感觉走？

关于求职，我们有种种"担心""操心""关心"，或许应该适时回归一下"初心"，通过反观工作的概念，来找到那一份真，最终才能一锤定音。

什么是工作？一个人的工作就是他在社会中所扮演的角色。能成为被需要的那个、受喜爱的那个、能够真正帮到别人的那个，这样的个体就是人才，他们所在的地方，都会有美好光明的未来。而他们所从事的工作，也都能成为"我要我觉得"版本的无悔选择。

《左传》里说，"太上有立德，其次有立功，其次有立言，虽久不废，此之谓不朽"。立德、立功、立言没有一个是立给自己的，但做到了一种，甚至只是"蹭"到了边缘，都会帮你此生收获幸福，离后让人记住。

我并不是要强行"升华"开始谈情怀，而是实话实说。一个人能掌握一种真正被需要、能帮到人的技术，真心不用担心工资和收入，你不用去找钱，钱会来找你。

很多人乐于撰文讨论什么是真正的幸福，或高深、或粗浅，鸡汤版、实践版，有从来不给勺的，也有标配不锈钢餐碗的，答案不一而足。

我最喜欢的答案是知名科幻作家刘慈欣在《球状闪电》里说的：

> 其实，孩子，过一个美妙的人生并不难，听爸爸教你：你选一个公认的世界难题，最好是只用一张纸和一支铅笔的数学难题，比如哥德巴赫猜想或费马大定理什么的，或连纸笔都不要的纯自然哲学难题，比如宇宙的本源之类，投入全部身心钻研，只问耕耘不问收获，不知不觉的专注中，一辈子也就过去了。人们常说的寄托，也就是这么回事。所以，美妙人生的关键在于你能迷上什么东西。

讨论至此,你或许已经发现,是否找到合适的工作,不仅关乎养家糊口,而且涉及终身幸福。

由此"我要我觉得"也会自动升级迭代,变成"我们都觉得",变成适配度更高,幸福感更强的新选择。

第 6 章

中正以观天下

在微光成为炬火前

对"辱则多寿"者说"不"

看到过一篇随笔,作者曾读日本南北朝时代法师吉田兼好的《徒然草》,里面有一则讲长生的文字,说人如能常住不灭,恐怕世间更无趣味。

作者把法师的话凝练成四个字,叫作"寿则多辱",说的是人年长之后,就会忘记自己的老丑,想在人群里胡混,到了暮年,还要溺爱子孙,执着人生,私欲益深,人情物理,都不复了解。

作者说自己读到这些文字时,已不年轻,读后心下不禁骇然,陡然心虚起来,好像自己是个苟且偷生的懦夫无赖。

"寿则多辱",是种"吾日三省吾身"式的揽镜自照。不忠、不信、不习之举无须他人提醒,自己发现后就会一脸羞惭,不但会立即加以改正,而且对已经造成的影响心生歉意,影响若能消除,几日后才能入眠,如果不能,便辗转反侧焦灼不安,寿是不可能多寿了,掉肉变瘦倒是大有可能。若类似错误一而再、再而三地犯,当事者又无力改变,或许就会生出还不如离世的感叹。

这种想法对自己的要求很高，因此对标去做的人士寥寥，反面案例倒是出了不少。曾有新闻，从汉口开往厦门北的某趟高铁上，一名男性乘客在车厢内观看不雅视频，不仅没戴耳机，而且外放声响巨大，几乎整个车厢都可听到，有人劝阻也不听。

据目击者称，该乘客六十岁左右（正处于"寿则多辱"的年纪），中间还去了趟卫生间，回来以后继续观看。不但从未感觉"寿则多辱"，他信奉的恰是相反的"辱则多寿"。

再把目光转向生长相对"野蛮"的互联网，太多"流氓软件""流氓公司"靠无所不用其极的手段强行安装、强行弹出、强行占领了我们的电脑。

有人曾总结，"成功"需要三点：第一，有学历；第二，有能力；第三，没道德。我希望他们说得不对，但身边大量的"辱则多寿"者都活得有滋有味。

但"辱则多寿"的风气一旦蔓延，大家都会觉得不犯法但缺德的行事方法可以让自己利益最大化。底线一旦失守，所有人的好日子也就到头了。

遇到这种现象怎么办？我谈谈自己的切身体验。

某天我去接娃，有个孩子同时放学从我旁边经过，直愣愣地看着我说，喂，几点了？我愣了愣，没理他。他又问，哎，几点了？我还是没说话。结果他白了我一眼就走了。

等他走远了我问娃，知道爸爸为什么不理他吗？娃摇头。我说，第一，他有需要不知道先打招呼，我不知道他是和谁说话；第二,他没有礼貌,说个"请"或"谢谢"也不会,我不愿意搭理这样的人。孩子似懂非懂地点点头。

我并非不知道"老吾老以及人之老,幼吾幼以及人之幼"的古训,但伴随年龄增长,见识变广,我开始想一个问题——尊重所有的人,对值得尊重的人很公平,对不值得尊重的人,这是在帮他们培养占了便宜还不道谢的习惯。习惯成自然之后,对值得尊重的人又是一种伤害,因为付出才有回报的规则被打破了,有些人不付出,也能捡便宜。

有人讲,还是要提升个人修养,努力做到"以德报怨"。但"以德报怨"的原文是这样的:

> 或曰:"以德报怨,何如?"子曰:"何以报德?以直报怨,以德报德。"——《论语·宪问》

以德报怨是个问题,孔子曾经说过,这样不对,应该以直报怨,宁折不弯,方可衬托出以德报德的价值。

曾经以为,对别人好,就可以换回别人对我的好。其实这正是心理学重点圈出的错误认知——一定不要认为别人会像你对待他们那样对待你。

事实是,人们并不是一个模子里刻出来的。我本将心向明月,奈何明月照沟渠。以对待一些人的方式去对待另外一些需求、愿望和希望都大相径庭的人,显然会遭到拒绝和排斥,甚至导致冲突。

请记住人际交往的正确法则：他人怎样对待我，我亦这样对待他人。

让讲道德讲秩序的人"得利"，让没道德不守序的人"恐惧"，以帮他们悬崖勒马，避免翻车。或许这种貌似对不道德者的"不尊重"，恰恰是对他们最大的负责，也才能真正提高社会的运转效率，保护好大家的利益。

践行者自带光芒

一颗龙蛋千年修为,白家傻儿子连吞888.88个,武宗九大家族总族长中断渡劫赶回收徒……

总裁因无子出国治疗,却在飞机上看到三个缩小版的自己,她怒吼,你们的爸爸呢?

请问大家看到这些文字只有几十个、脑洞开了上千里的文案是什么感受?如果你是编辑,还能让它们的层次更丰富,含义更隽永,内容更具杀伤力吗?

我是当老师的,一方面教室上课,写教案,另一方面也做视频,憋脚本。两条腿走路面临的是双重压力,当然也有望收获双重惊喜。广播电视行业常说,观众是衣食父母,其实教育行业也是一样——教学要以学生为中心。讲得再好,道理再巧,论证再妙,学生如果说"老师你等一下,我先联完这一局,你别吵吵",那方案就要调整。

需要"投递"的内容,怎么呈现才能被人接受和喜欢,路径和设计非常关键。

大家觉得刚才那些文案写得怎么样？

低俗？无聊？恶心？哗众取宠？这些问题它们都有？但不知怎么回事，那些文字像蛇一样，钻进脑子里就不容易忘掉，这到底是怎么做到的？

因为它们自带故事性。

那什么样的内容才能叫故事？

小学时写作文，《美好的中秋节》：八月十五我在家吃了月饼，在院子里看了月亮，妈妈讲了个故事，说月亮上有兔子，兔子在捣药，说是得帮一些国家研发疫苗。

这篇作文得不了高分，因为故事不是加工程序。程序不涉及欲望、冲突和核心任务，没有任何人的内心被触动。程序只是序列化的累积，而故事要跌宕起伏、层层递进。

你是不是嫌我说得太简单了，那我再展开讲讲，给你递进一下。你看这个月饼，它又大又圆，你看这里面的馅儿，它有酸有甜。这样可以了吗？叙事确实丰富了，但有叙事也不等于有故事。

什么才是真正的好故事？

在开始，主人公的人生处于相对平衡的状态，并透过他的主要价值观表露出来。紧接着，打破平衡的事件发生，不可避免地颠覆了这一主要价值观。为了找回平衡，主人公决定采取行动。从这一刻起，一系列因果相连的事件随之发生。随着时间流逝，主要价值观随着正负电荷来回摇摆。最后，故事的终极事件彻底改变主角价值观，进而把故事推至高潮，主人公的生活回归平衡。

听起来好复杂，能举个例子吗？

1996年，一个失去了丈夫的女人申请把自己调往偏远山区，在这个陌生的地方，她本想用超负荷的工作麻痹自己，却很快发现，这所学校很不正常。

前一天还在上课的女孩子，第二天就不见了。她到处打听，沿着蜿蜒的山路走了将近一天，才找到了从班里消失的女孩。十多岁的女孩呆坐在山头，旁边还放着一个割满草的破箩筐。

她问："为什么不读书？"

女孩答："家里给我订婚了。"

她拿出自己的工资，连夜找到她的父母好言相劝，把女孩领回了学校。

这样的路，她走了无数次。每到一个困难的家庭，她都会搜遍全身：口袋里的零钱、充饥的食物，甚至是御寒的棉衣她都会脱下相赠。为了不给山里人增加负担，她从来不会在学生家吃饭。来时分文不取，走时带着一个原本辍学的孩子。

2002年起，为了筹建一所全免费的女子高中，她利用寒暑假到街头募捐。像乞丐一样沿街"乞讨"，被很多人骂"骗子"，脸上被啐唾沫，甚至被人放狗咬。

万般艰难，种种心酸。2008年9月，在政府部门和社会各界的支持下，女高终于初步落成，首批迎来了一百个大山里的女孩。十几年过去了，目前女高已有近两千个女孩考入大学，并因此改变了人生命运。

但我们说的那个她,病历上的疾病已增加到了二十三种,可她自己却并不在意,她说:"不管怎么样,我救了一代人。"

案例到此结束,什么是真正的故事,是不是已经说得很明白了?

我对自己讲的却并不满意。故事要靠层次、转折、变化吸引我们的注意力。你说,刚才讲的这些都有哇。确实都有,但这个故事不是虚拟,不是设计,却是真实事迹。

那所高中,叫华坪女高;那个她,是"七一勋章"获得者张桂梅。

一部顶级大片,各种视听盛宴,可以让你一百分钟不舍得去洗手间,不敢走神不敢眨眼。

但一个真实人物,用几十年、一辈子,几乎豁出命去的努力,甘当踏脚石,甘为他人梯,只为别人能活得下去,活得更好,活出意义。知道了这个事迹,也有个词可以描述我们的情绪——破防。

好故事不好编,真大片太烧钱,这样的事迹也不好找吧?

其实每个优秀共产党员的人生中,都藏着这样一套破防版的真实事迹。而这些事迹的支撑力,能让我们破防的冲击力,源自百年以来先驱们形成的"坚持真理、坚守理想,践行初心、担当使命,不怕牺牲、英勇斗争,对党忠诚、不负人民"的伟大建党精神。

搜集整理、认真学习这些事迹之后,我开始明白——真理自有力量,践行者自带光芒,最引人入胜的,不是故事,而是信仰。

传统文化的学与帮

很多年轻的朋友会觉得,现在科技这么发达,不是应该往前看吗?学个编程,找份好工作,懂点人工智能,也方便聊天八卦,为什么社会上总有声音让我们回归传统,说必须要尊重了解中华优秀传统文化?

我的观点是,科技日新月异,进步神速,我们越想跟上它的脚步,越要在传统文化中寻找帮助。

离开传统文化,我们的很多感情就无法抒发。

出门旅游,看到落日的余晖洒在波光粼粼的水面上,远处有几只水鸟飞过。很美,对不对,那你怎么说?快看!快看!鸟!

如果我们有点文化底蕴,就可以说:落霞与孤鹜齐飞,秋水共长天一色。

经过多年的努力,终于考上了理想的大学,你怎么表达心情?"这个 feel[1] 倍儿爽",唱他三四遍?其实一句"春风得意马蹄疾,一

---

[1] 英文感觉的意思。编者注。

日看尽长安花",就能很好地表达我们的心意。

和朋友分别,舍不得他走的时候,你怎么讲?把这杯喝了,不喝不是兄弟,不喝以后我不认识你。如果我们还记得学过的诗词,我们可以说:劝君更尽一杯酒,西出阳关无故人。

当然,饮酒不是好习惯,未成年人更不应该饮酒,但我们不妨活学活用——劝君每天八杯水,青春筑梦最无悔。

我们不能让自己的语言和感情,匮乏到只剩下一些拟声和感叹词。

离开传统文化,我们就无法沉淀有价值的想法。

爱因斯坦说,这个世界的最不可理解之处,在于它是可以被理解的。我觉得爱因斯坦表达的,是一个科学家发现了这个世界如此的精巧、复杂和有规律,而生出的敬畏和感叹。

而面对这样一个美妙的世界,如果我们缺乏文化底蕴,不从自己民族的、传统的历史积淀中去寻求滋养,我们就无法显露自己的感受,无法描绘我们所看到的美好,更没有机会让其他人听到我们的声音。

我们的方块字,每一个都像一个小精灵,都有自己的脾气和个性,但只要你调度得当,精确掌控,它们就能够传达你心底最细微的每一种情绪。每个作者就像是一个国王,在调度几万个汉字士兵,规划统领自己的世界,在你拿起笔的同时,就打开了一款随时可以开玩的文字"沙盒"游戏,在这里你可以尽情挥洒才情,实现无数种可能。

离开传统文化，我们就无法更好地发展成长。

科学家发现世界的规律，为我们展现了未来的美妙。传统文化为我们提供营养，让我们有能力去表达赞叹。而想要把梦幻变成现实，拥有体味幸福、拥抱美好的能力，我们要做的最重要的事情，就是成为更好的自己。

具体应该怎么办？见贤思齐焉，见不贤而内自省也。

那具体要从哪些方面开展？

为人谋而不忠乎？——替人家谋划的事是否尽心尽力？与朋友交而不信乎？——和朋友交往是否诚心诚意？传不习乎？——老师传授的知识是否经常温习？

三省吾身、约法三章、三思后行……随着年龄的增长，你会愈加发现，"三"在中国传统文化中是个很神奇的数字，因为它说的不是具体的次数，而是持久的输出。

而传统文化能给我们的，正是这种不限次数、不限场景的滋养和帮助。

我们都想做点什么，让生活更美好，让国家更强大。人与人能力有大小、岗位有差别，但只要方向正确，只要执着坚守，只要有拥抱未来的能力，又有珍视传统的态度——每个人就都能在新时代，成为让自己满意、被国家需要的那个"我"。

向"国家队"学习如何把压力变动力

美国的中餐厅大都有一道菜——左宗棠鸡,简称左公鸡,看名字就知道源自中国。但这道菜流传至美国,乃至成为美式中餐的代表后,口味发生了巨变。很多中国人到美国品尝了这道家乡菜后瞬间开始怀疑人生:我是谁,我在哪儿,我为什么要吃这个?再看看身边大快朵颐的美国朋友,这种怀疑开始变得更加沉重:到底是我的舌头有问题,还是他们的味觉不好用?

本该表皮酥脆、肉嫩多汁的左公鸡,到美国后变得又黏又酸,无论是放进快餐盒还是装盘,都是黑乎乎的一摊。我相信厨师没有任何毁掉这道菜的意思,现在的做法是根据美国人的口味和喜好,重新调配了酱料。

和左公鸡的境遇一样,并不是所有的"中国制造",漂洋过海后还能保留其原来的"传统味道"。

中国的GDP总量在2010年首次超越日本,成为世界第二,其后稳步增长,目前已把第三名远远甩在身后,稳居第二位。以2021年的数据为例,第一名美国,22.9万亿美元;第二名中国,17.7万亿美元,我们已高于美国的四分之三。如果按照各国现在的经济增速推算,中国有望在2030年左右超越美国,GDP总量世界第一。

但我们的文化软实力与当下的经济硬实力并不匹配,有三个差距,值得关注。

第一,落差。

GDP总量世界第二,文化软实力排名不好测算,但扪心自问,我们都清楚,怕是不在一个引人注目的位置。近年来,中国电影产业蓬勃发展,《长津湖》票房57.75亿,内地排行第一,确实很牛,但这些票房差不多都是我们自己贡献的,几乎可以忽略海外收入。即便我们吐槽《花木兰》做的是一碗"文化夹生饭",在中国市场的票房表现可能"扑街",但怕是依然能够敛空不少中国影迷的口袋。日漫、韩剧、好莱坞大片在中国都有不少粉丝,别人能够走进来,我们还没能很好地走出去。

第二,逆差。

中国是全球一百二十多个国家和地区的最大贸易伙伴,made in China随处可见,贸易顺差对我们来说是个再正常不过的存在。但是,一旦把视角从实体进出口转向文化影响力,我们能够拿得出手的世界性文化IP实在是屈指可数。

李子柒在油管上有1700多万粉丝,单条视频的播放量基本都在1000万以上,最受欢迎的一条播放量已过亿。

阿木爷爷在油管上有140多万粉丝,视频播放量也相当不错,最高的一条被观看超过5200万次,点赞过60万。

李子柒好帅！阿木爷爷真牛！

但我是在表达自豪感吗？抱歉并不全是。

我不否认李子柒的视频非常唯美，阿木爷爷的手工特别惊艳，中国的传统文化、经典智慧经过他们的演绎，成功走出了国门，我们应该继续坚定不移地支持他们，由点到面，学习他们的优秀表现。

但是，这并不是中国的全部。

5G呢？中国App呢？中国新基建呢？一旦涉及与西方正面竞争的领域，中国IP就被挤压到踪迹难寻。李子柒、阿木爷爷能火，一方面源自自身质量确实过硬，另一方面更因为他们符合了美国对中国"神秘东方、传统智慧、远离尘嚣、与世无争"的人设。

实体贸易有顺差，对方就搞贸易摩擦；文化输出有起色，美国也绝不会毫无动作，马上就是一套组合拳，维护自己的文化霸权。

但我们要展示的是真实、立体、全面的中国，而非被选择性"展览"某个侧面，甚至是扭曲了的所谓"特色"。

第三，反差。

《纽约时报》曾经刊发过一篇文章，作者托马斯·弗里德曼写道：

当我坐在鸟巢的座位上，看着数以千计的中国舞者、鼓手、歌者以及特技演员在表演闭幕式的魔术，我不禁思考中国和美国如何度过过去的七年：中国在为奥运准备；我们在为基地组织准备。他们在建造更好的体育馆、地铁、机场、道路和公园。我们在建造更好的金属探测仪、装甲车和无人驾驶飞机。差异开始显现。抵达纽约市拉瓜迪亚机场笨拙的航站楼，驱车走过曼哈顿摇摇欲坠的基础设施，再和抵达时尚的上海机场，乘坐时速三百五十千米的磁悬浮列车的体验比较一下。然后自问：到底是谁生活在第三世界国家？

这篇文章刊发于2008年，正值中国成功举办夏季奥运会。十四年过去了，美国对中国的认识更加真实客观了吗？少数人看到的发展差异是扩大了还是缩小了？这种理性的声音还有空间可以表达吗？

中国的实际情况和美国民众对我们的印象反差巨大，不是我们不想"表达"，而是对方要拼命"捂住"我们的"嘴巴"，还要确保针对普通民众的"有色眼镜"百分之百精准配发。

看清了"三差"的形势，方能明白身上的"担子"。

我们很高兴地看到，各行各业、各种年纪、各种兴趣、各种群体，大家都很努力。

《流浪地球》的剧本曾被带到好莱坞，工业光魔的视觉总监看完后很疑惑，"你们的想法很奇怪啊，为什么当地球出现大危机的时候，你们不是造宇宙飞船，而是带着地球一起跑？"导演郭帆解释，"中国人几千年来都是面朝土地背朝天的，我们对故土有深厚的情感"。

另一处美国人也不理解，剧本中有五千个发动机需要重启，为什么要出动多达一百五十万人去营救？郭帆继续"科普"，这和中国文化更强调集体主义有关，"有点像汶川地震的时候，我们会看到有几十万的部队、志愿者，大家都是普通人，但都有可能成为英雄"。

郭帆相信，在与好莱坞大制作的对抗中，"我们对土地的情感，再加上集体主义"，中国本土化的精神内核将成为电影"弯道超车"的重要支点。

《流浪地球》中体现的是中国亲情观念、英雄情怀、奉献精神、故土情结和国际合作理念。电影不再是超级英雄拯救世界，而是人类共同改变自己的命运。这样的表达，是对好莱坞科幻电影叙事套路的突破。将中国独特的思想和价值观念融入对人类未来的畅想与探讨，拓展了人类憧憬美好未来的视野。

上面这段影评不是我写的，而是《人民日报》的发声。

什么叫人类命运共同体？我们拍部电影告诉你。要讲清我们想讲清的道理，归根结底还是要靠自己。

构筑文化自信，做好中国外宣，产品不是点缀，产品就是战略。打造第二个、第三个、第N个像《流浪地球》一样，能自带话题、有独特内容、可以进行人格化演绎和持续裂变的"超级IP"，才能讲好中国故事，传播好中国声音，提高国家文化软实力和中华文化影响力。

我们不否认短板依然存在。很多国产大片依然有好莱坞电影工业的参与，国产游戏也有用虚幻引擎的，华为高端芯片还要用美国技术主导的光刻机、EDA软件才能生产……

但这些被"卡脖子"的地方,已成为我们的努力方向。

中科院原院长白春礼表示:"中科院已把美国'卡脖子'清单,变成科研任务单来进行布局。2035年,中国要进入创新型国家的前列;2050年,中国要建成世界科技强国。这是人民对国家战略科技力量的嘱托,这是民族对唱响时代最强音的期盼,科学院有信心如期完成相关战略目标,不负期待。"

请相信这一誓言的力量,因为支撑它的,是我们每个人的梦想。

让我们各自努力,然后高处相见。

大数据的边界谁来把控

作为一名头发已经花白的中年男士，我经常收到黑发、染发、植发广告。

大家可能会说，那肯定是你上网搜过。都是过来人，大数据嘛，精准采集、精准识别、精准推送，客户绝对精准。别说你这头发白的给你推荐染发产品，我前两天和人相亲，在手机上订了个餐，今天平台就开始给我推荐给孩子起名的广告了。

还有人说，你这也不算啥，我和别人聊天，他哼了几句歌，我今天打开音乐平台，竟然给我加入播放列表了。又有人讲，你们那些都很正常，我没相亲，没聊天，没吃没喝没听歌，就是去科技市场逛了逛，第二天打开手机，系统给我匹配了一堆主播推销电竞耳机。

不知我是不是自带大饼体质，梳理平台收集个人数据的案例一不小心也卷起来了。

先声明一下，真没有非要把大家比下去的意思，但前几天孩子参加完期末考试，我只是在心里想了想，是不是该给他报个课外辅导班呢？然后我的手机就响了："请问您需要专业的一对一家教吗？"当时吓得我汗毛都竖起来了，我问他们有中美关系预测方面的课程吗？他们说这个不用预测，中华民族伟大复兴是明摆着的。

无孔不入的大数据有时确实让人觉得恐惧，但技术的进步也实实在在带来了很多便利。

早晨一觉醒来，我们希望窗帘自动打开，房间处于适宜的温度，轻柔舒缓的音乐开始自动播放，一个温柔的女声或充满磁性的男声说道："今天可以不用上班哦。"不好意思拿错稿子了。"今天又是元气满满的一天哦。"这样的体验谁都想要。

但我向往美好，并不意味着隐私就能不要。

为了更加"完美"的服务，你要我的身高、年龄、体重，甚至问我单身多久了，我都可以提供。但你一个教做饭的软件，为什么需要我的联系人数据？一个壁纸软件，为什么需要我提供位置信息？一个背单词的程序，要我的家庭住址、银行账号是什么目的？

对方解释，你做饭就不想找个人陪你吃吗？看到漂亮的壁纸，不想分享给同城的朋友看吗？单词全都掌握了，我们顺带提供最新的理财产品，可以免门槛借贷，分九九八十一期四舍五入基本就是白给，送你出国进修不好吗？

你还提隐私。你一没王位，二没公司，三不掌握核心技术，四也没达到百万年薪的高工资，这么在意隐私，难道是做过什么见不得人的事？犹豫就是在意，在意就是有秘密，有秘密或许就有人因为你受到了不公正的待遇，我必须为爱发声，让你偏离的行为得到管控。

对这种道德绑架，有人说，只要我没道德，他们就永远无法绑架我。但我们真的很难降得毫无下限，这个世界不是所有的人都只认钱。

我确实没什么高端身份和工资收入，但我就是不想让人知道我点的肉夹馍是纯瘦的还是半肥的，洗澡时唱的歌是摇滚的还是抒情的，玩游戏是一直往前冲还是开箱集邮风。"小人物"的隐私就不是隐私了吗？

很多时候，我们真的没有时间、没有精力、没有耐力去争辩。

就算真的争辩了，对方会突然甩给你一堆文件，你看你看，你同意了呀，你授权了呀，你点那个OK的时候我还给你拍了照片，你的表情看起来很安详啊。虽然一些内容的字号比针尖还小，颜色几乎是纯白的，用显微镜都难找，但这些"甩锅"条款我们实实在在都写了，你就是不看，我还能怎么办？如果你还是这么"不讲道理"地要求权利，那我也没办法了，我只能做个艰难的决定，你打开软件的时候，不打个响指，不好意思说错了，不点个"全面授权"，程序就无法运转。别怪我，我得对股东负责，我也很难做的。

各种软件都想尽可能多地收集数据，相关解释五花八门，貌似"有理有据""合钱合利"——只有做好用户画像，我们才能为大家提供更加精准、个性化的服务。

我们承认，必装软件都非常善解人意，日常使用中，大数据也总能适时地提供助力。

可技术的背后如果是资本，我们不设定边界，它就永远不会停歇。如果相关资本的来路还说不清楚……用户？用户就是个 bug[1]，该清除时就得清除。

数据的边界、资本的边界，国家会出手管控。或许我们自己，也需要设定一些"边界"，因为人在享受一种便利的时候，或许也在放弃一种能力。

你说，没有吧？"一键三连[2]"特别方便，用久了我单独"投币"的操作也依然熟练哪，不信我点给你看。但还有些便利不是这样的。习惯了电梯，可能爬两层楼梯就开始气喘吁吁；习惯了手机码字，换成用笔写字，写个"戊戌变法"可能就会错到离谱；习惯了各种 App 不停切换、表情始终笑眯眯，在遇到"大活"和"硬仗"时，却发现根本无法集中注意力。

使用一些"服务"，必然带来一些权利让渡。你选了骑手帮你送外卖，也就放弃了去饭店就餐时"刚出锅"的味道和就餐氛围的体验。

权利可以让渡，但让渡不是放弃，更不能被人强行剥离，放权、授权可以，交权、丧权……抱歉我做不到。

新时代的中国青年要以实现中华民族伟大复兴为己任，增强做中国人的志气、骨气、底气。

1　英文故障、虫子等意思，此处表示错误。编者注。
2　指长按点赞键同时对视频作品进行点赞、投币、收藏，用以表示对作者的赞许。编者注。

有志气要目光长远,有骨气要能克难攻坚,有底气要会用、善用各种资源手段,更要始终坚持把核心能力掌握在自己手里。有条件时,利用好它们助力目标的实现;没条件时,也能毫不气馁做出创造性的改变。

应用程序过度收集信息需要注意,因过多依赖外力而使能力退化,同样需要大家警惕。

一帆风顺的人生无法强求,但通过一些主动的掌控,在遇到难关的时候,我们就不惧成为它的对手。

彩蛋

那些曾经『秘不外宣』的人生经验小贴士

在微光成为炬火前

1

人的成长,
是个从看得近、想不远,
到计划广、筹划深的过程,
见识让你考虑问题更周全,
知识让你面对困难不慌乱,
我们的成熟度,
其实与年龄无关。

2

和什么样的人在一起,
你就会变成什么样子,
生活、目标、理想,无不如是,
这就是为什么要努力上好大学
和认识优秀的人的原因。

3

可以没有很多钱，

但不可以没有知识，

更不可以没有责任心。

4

痛苦多数来源于比较,
但很多时候幸福也是,
学会正确地比较,
而不要盲目地放弃比较。

5

使用频率最高的东西,
要舍得投资。
在经济能力允许的范围内,
要尽量舒适。
使用频率很低,
甚至注定是一次性产品的,
不要浪费太多金钱,
这和你是否有钱没有关系。

6

如无必要，

勿增实体，

因为人生需要轻装上阵，

而非负重前行。

7

爱情是两个强者的风花雪月，

不是两个弱者的苦大仇深，

更不是两个交易者的相互折磨。

8

无数人

经过努力、彷徨、遗憾后发现,

他们所努力追逐的,

努力模仿的,

努力比肩的偶像们,

并没有多么勤奋,

只是因缘际遇,

加上天生擅长而已。

人生苦短,

不要把某种冲动误以为是某种才能,

入对行!

这关系到你的终身幸福。

9

一事若有多个方案，

在占用资源、精力差异不大的情况下，

选兼容性高的。

10

脸熟是个宝,

这是一条非常重要的人脉经营理念。

11

不要把读书预置为一件苦差事，
读书要回归悬疑，
回归对获取知识的渴望，
让爱读书在自己心中生根发芽，
而不是一味强调读书的好处。

12

钱都是身外之物,

该花的时候一定不要心疼,

莫待想花的时候,

有钱,却没有了机会,

想为其花钱的人不在了,

空留遗憾。

13

了解规则、遵守规矩，

并不是懦弱，

要想赢得漂亮，

赢得能上台面，

就必须按套路出牌。

14

吃亏是福,

但也要细分,

要么积累人生经验,

要么让该知道的人了解看见,

这种亏欠,

才不会坠为遗憾。

15

有些东西需要童子功,
小时不学长大就来不及,
有些道理也是,
小时候别人教时不听,
大了就不会再有人教了。

16

当前看起来占便宜的事,
未来基本会吃亏。

17

可以选择鄙视,

但必须是了解之后的鄙视,

这远胜过盲目地尊敬和崇拜。

18

财务自由虽不能获得生命的全部自由，但至少可获得大部分自由。

19

先吃苦，后享福的观点不一定人人认可，
一劳永逸的想法，
更会害你一辈子不开心、不幸福。

20

为什么要学习?
为了克服恐惧、无助和焦虑,
为了行之有效地对抗负面情绪。
所以,
才说学习是为自己。

21

凡是有生命的个体,

都会消亡;

凡是有形的东西,

都会破旧。

随它去。

22

尝试活得像时钟一样精确,
因为我们的时间太少,
一切事宜的终极度量衡不是金钱,
而是时间。

23

痛苦让人感觉活着，

不自由让你更珍惜自由，

要能忍受一些寂寞，

但也不要在奔向明日更幸福的途中，

丢了今日的幸福。

24

能力越大,责任越大;
如果换个角度,
不想做的越多,
人生依附性也就越强;
国家、民族、个体都是如此。

25

每个人,
每个家庭,
每个组织,
都有不同。
要学会正视这种差异,
特别是较之别人,
处于弱势的时候。

26

确定是自己想要的,

就要承担相应的责任和压力;

确定是自己不想要的,

就不要老惦记可能的快乐和欢愉。

27

敏感绝不等同于脆弱，
要学会使用敏感，
感受周遭世界，
把握现世规律。

28

你能从什么角度思考问题,
你就能成为什么样的人。

29

只有真正把一件事，
当作自己的事去做时，
才能做好，
不为别人，
只为证明自己的价值。

30

学会把每个人当作一本书来读。

阅读反馈

在微光成为炬火前,我们需要培养的是优秀的习惯。准备养成的、已经养成的优秀习惯,有哪些是你愿意为自己总结的?

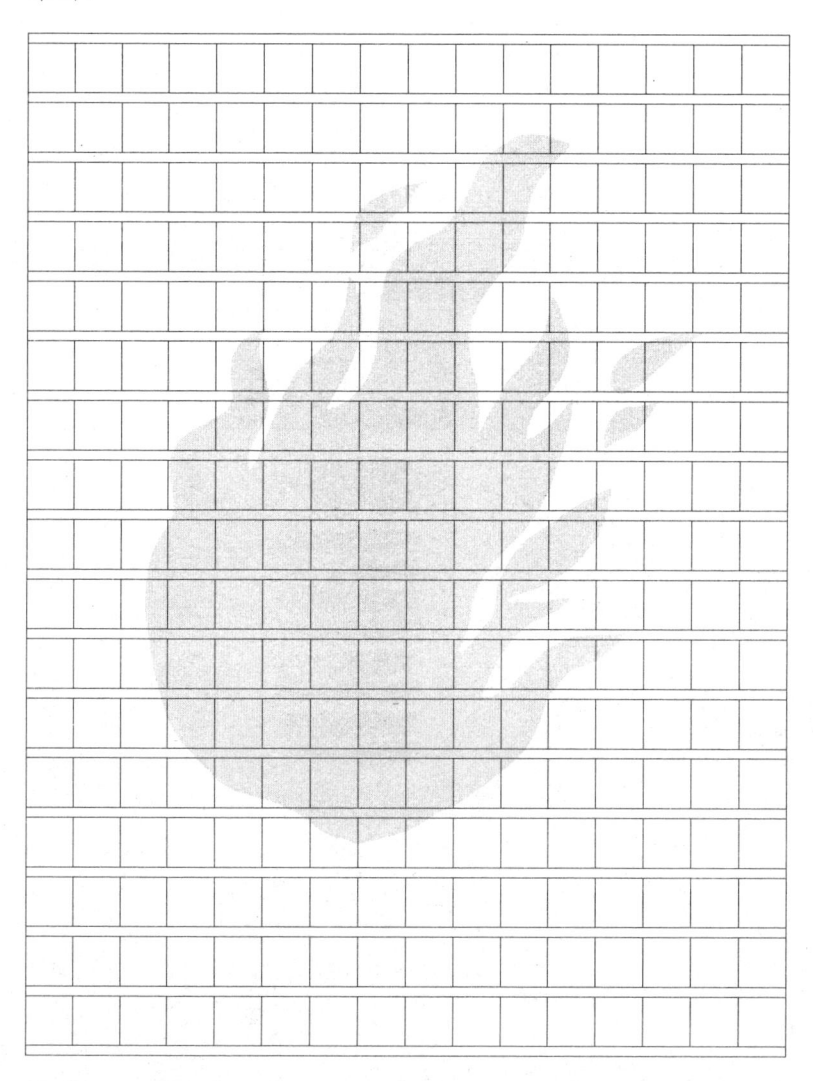

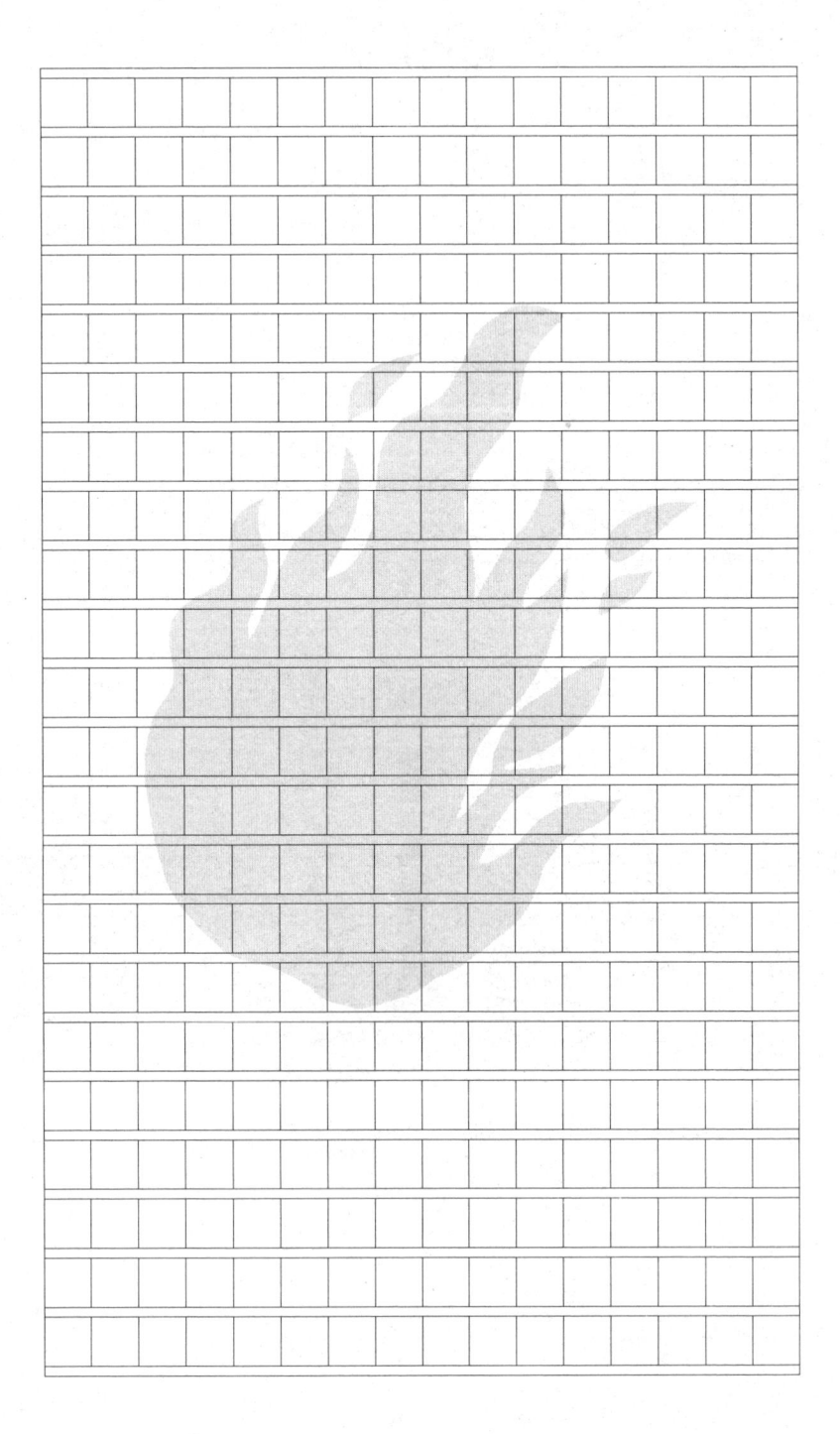

[**基金项目**] 本书系教育部2020年度高校思想政治理论课教师研究专项一般项目：优秀中青年思政课教师择优资助项目"融媒体时代利用短视频提升思政课亲和力与实效性的实证研究"（项目批准号：20JDSZK144）、教育部2021年度"高校网络教育名师培育支持计划"、山东省学校思政课"金课"建设项目（高校"形势与政策"）的阶段性成果。